煮酒论史

ZHU JIU LUN SHI

新华出版社

图书在版编目（CIP）数据

煮酒论史 / 九公子著.
-- 北京：新华出版社，2022.3
ISBN 978-7-5166-6283-0

Ⅰ. ①煮…　Ⅱ. ①九…　Ⅲ. ①酒文化－文化史－中国－文集
Ⅳ. ①TS971.22-53

中国版本图书馆CIP数据核字（2022）第080556号

煮酒论史

作　　者： 九公子

责任编辑： 田丽丽　周富祥　　**封面设计：** 吴越佳　刘宝龙

出版发行： 新华出版社
地　　址： 北京石景山区京原路8号　　**邮　　编：** 100040
网　　址： http://www.xinhuapub.com
经　　销： 新华书店、新华出版社天猫旗舰店、京东旗舰店及各大网店
购书热线： 010－63077122　　**中国新闻书店购书热线：** 010－63072012

照　　排： 六合方圆
印　　刷： 三河市君旺印务有限公司

成品尺寸： 170mm×240mm
印　　张： 17.5　　**字　　数：** 140千字
版　　次： 2022年4月第一版　　**印　　次：** 2022年4月第一次印刷

书　　号： ISBN　978-7-5166-6283-0
定　　价： 88.00元

序

酒香氤氲中华史
一文道尽五千年

文／九公子的尊

煮酒，论史，话家国。

先民出草莽，结绳记事，刀耕火种，或野果积贮，或稻粟丰储，天然发酵，造化与人，“酒之所兴，肇自上皇”，或为酒之源起。

史传“仪狄杜康，造酒始祖”，安美名于美人，赋圣事于圣君，得甘饴于传说，汲琼浆于沧桑，或为酒文化之滥觞。

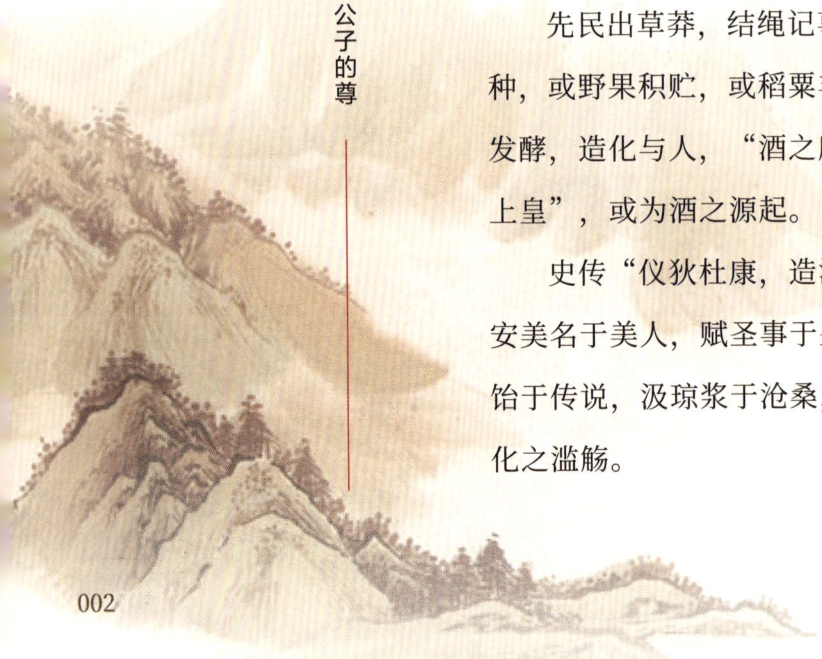

车辚辚，马萧萧。

周公吐哺，天下归心。天子赐酒，分封诸侯，始有春秋，后为战国。诗三百，酒香浸卷六十又三；屈子辞，醒醉之间叩天问。

圆月弯刀，干戈玉帛；合纵连横，悲欢离合。书同文，一度量，琅琊百日会饮，应是始皇最后的高光。戍卒叫，函谷举。鸿门宴后，霸王残醪一樽；大风歌头，高祖畅饮三日。

及至武帝，威服四夷。“明犯强汉者，虽远必诛”，金戈铁骑，长驱漠北；丝绸之路，商旅不绝。

马萧萧，旗猎猎。

天下三分，煮酒论英雄。临酒赋诗，温酒斩将；觥筹交错，奇谋迭出。回望三国，一部酒的江湖。只有不善饮的孔明，像神一样存在。

南征北伐，不若竹林吟啸；裂土封疆，怎堪兰亭挥毫？谢王堂前，曲水流觞；桃花源里，东篱采菊。或进或退，亦醒亦醉。

历史怆然演进之中，唯有那坛陈酿兀自飘香。

旗猎猎，风瑟瑟。

雄汉既远，盛唐迫近。青春作伴，白日放歌。豪气干云，血脉偾张。四方辐辏，驰诗纵酒。“天子呼来不上船，自称臣是酒中仙”“将进酒，杯莫停”……

玄奘西去，佛法东来。万国衣冠，溢彩长安。韩柳文章，脱千年之羁绊；李杜光焰，耀文明之峰峦。

江山锦绣，不失尚武血性；盛世梦幻，只待岁月典藏。大唐的醉意，始终那么浓烈芬芳。

风瑟瑟，水渺渺。

陈桥兵变，黄袍加身，太祖举杯，酒释兵权。这杯酒，也释出了重文抑武的大宋。范仲淹、欧阳修、苏东坡……文豪辈出大

师云集，能臣巨匠灿若星汉。

岳阳楼上，把酒临风忧天下；琅琊山中，醉翁之意不在酒；黄州江畔，无酒不成赤壁赋。

“明月几时有，把酒问青天”，以酒起笔；“料峭春风吹酒醒，微冷”，以酒转承；“人生如梦，一樽还酹江月”，以酒收篇。酒，滋养着大起大落的旷达人生，造就了历久弥新的千年经典。

有宋一朝，酒愈酿愈烈，然刚毅勇猛之雄风，徒见于酒肆教坊，逐渐匿迹于大漠草原。当十万军民跳海殉国，“崖山之后，再无中华”。

水渺渺，山迢迢。

“问世间，情是何物，直教生死相许？”惊天一叹，酒香缠绵；“渺万里层云，千山暮雪，只影向谁去？”揪心一问，氤氲流连；“千秋万古，为留待骚人，狂歌痛饮，来访雁丘处”，慷慨一诺，百代酩酊。

两阕豪词，写尽世间悲凉；一代文雄，终成亡国遗老。

蒙元铁骑，横扫欧亚。革囊马乳，巡觞浩荡。宏阔疆域之内，民杂酒丰，习俗交融，不问西东；蒸馏酿造之法，渐于江南塞北，盛于乡野宫廷。

蒙元帝国，人类文明史上一个狂醉的存在，剽悍却短暂。

山迢迢，路漫漫。

酒烈血热，政暴民反。明太祖呼乡为伍，聚饥成军，兵锋所

指，山河归一。及至金陵登基，海内承平，诏令造酒楼一十六座，以待四方商贾。秦淮河畔，桨声灯影，酒旗飘摇。

朝举野兴，官行民效，“千乘之国、十室之邑，无处不有酒肆”。当是时，蜀南长江岷江交汇之处，酒坊林立，其酿酒之窖池，持续发酵至今，凡六百五十四年，为天下之奇也。

酒，浸润百姓日常，摇动文人心旌。小说戏曲隆起高原，四大奇书造就巅峰。然，均不及阳明先生临终那声喊，“我心光明，夫复何求？！”

路漫漫，天苍苍。

五征蒙古鼓角声远，七下西洋潮头渐歇。忠臣冤死，大明气数尽；长城洞开，满清叩关来。

有清一代，盛世康雍乾，盛文桐城派。“庭有枇杷树，吾妻死之年所手植也，今已亭亭如盖矣”，云云。然堪当古典文学之“盖”者，红楼梦也。全书一百二十回，酒字五百八十六次。

自晚清始，东方睡狮，惨遭列强群噬。百余年战祸盈门，四万万民不聊生。仁人志士，救亡图存。长夜难明，枯灯冷醪。

传，方外巴拿马，兴万国博览会，有酒名五粮液者香惊四座。或为黎明之辰星，光华萤照，苔花始开。

巍巍华夏，涅槃新生；少年中国，雄于地球。坊店肆铺，焕然一新，“把酒酹滔滔，心潮逐浪高”。

今日之中华，旭日东升，其道大光；今日之世界，霸权犹在，凌辱时现。从鸦片到芯片，从陆疆到海疆，忧患始终，梦想不灭。

民族复兴，就要复兴雄汉之勇敢刚烈、魏晋之儒雅风流、盛唐之自信开放、大宋之文化昌明、明清之货物自由。

从某种意义上讲，就是要复兴潜藏你我血脉深处的酒神精神。

这，就是本书的追求。

目录

礼之酒，
三星堆文明叩问五千年

文 / 九公子的汤

文明是什么?

是石头，是木头，是泥土，是口诀，是音律……

在四川，古老蜀国的神秘面纱被徐徐揭开，文明的传承无处不在。

三星堆再次挖掘后的考古发现震惊了全世界，6 个“祭祀坑”现世，高贵绝美的金面具、蔚为壮观的大口尊等百余件文物出土，人们似乎又窥探到祖先生活过的确凿痕迹，远离历史长河的文明让现代人兴奋不已。

其文物特异的造型，与中原文化黄河文明截然不同的风格，让创造三星堆文明的“外星人说”甚嚣尘上。

尽管“离谱”，但不可否认的是，三星堆的手工制造技术在当时世界堪称最高水平。而三星堆大量酒器的出土，再一次佐证了在人类文明史上，酒始终是社会生活中一个重要的组成部分。

“沉睡数千年，一醒惊天下”

历史总以神秘的姿态勾起人类探索的欲望，三星堆文明尤以奇妙莫测而引人注目。

1929 年一个春季的傍晚，广汉县一名农民挖地意外淘出大批玉器，揭开了三星堆浩荡近百年并且仍未结束的考古挖掘。

中原文明目前发现最早的甲骨文有 3000 多年历史，而三星堆出土的青铜器，是由铜、锡、铅合金冶炼，距今 3000—5000 年历史，远超目前所知的汉文化。也就是说，中原文明刚进入原始社会时期，三星堆文明就已经处于高度发达的青铜时代了。

从三星堆中出土的全世界最古老的黄金权杖，预示着三星堆即古蜀国，有可能是古代制造中心、文创中心、宗教中心和时尚之都。除黄金权杖、神树、纵目人面具等蜚声中外的古文物之外，三星堆还出土了大量特色陶器，透露出先民的生活习性。

最有意思的便是那件陶三足炊器，它有三个长长的圆圆的“足部”，顶部则是一个可盛水盛物的宽大盘面，像极了四川的老火锅，让人忍俊不禁：“四川人爱吃火锅是祖传的。”

有了“火锅”就会想喝点小酒，跟着“陶三足炊器”出土的还有一个形状特别相似的酒器“陶盉”，相当于今天的酒茶壶，伴着几个陶器平行杯状的酒杯，形成一套完整的酒具。

三星堆出土的大量陶器中，酒具的种类繁多，其中仅瓶形杯数量就达几百件。不同于中原地区盛行的酒器觚、爵、斝，三星堆出土的酒器多以青铜尊、罍为主。古蜀酒器的出土将川酒的历史推前了2000年，川蜀平原的酿酒历史至少可以上溯至商代。

三星堆的器具看起来质朴，但是仍然充盈着远古工匠的创造力与想象力。这种带有古埃及文化特征的青铜文化与中国中原地区的青铜文化有明显不同，便是人们所说的独立体系，即巴蜀文明。

礼之酒，蜀地传承千年

酒向来是中华文明的一部分。中国人讲究礼仪，而酒是行使礼仪的一部分，成为“礼的要素”。在青铜器时代，酒器常作为礼器被用来参与各类庄严隆重的祭祀仪典，成为青铜文化重要的一部分。

不仅三星堆酒器数目种类繁多，我国其他地区出土的青铜器中，酒器同样占据着重要的位置，五十类青铜器中，酒器就占近一半。上千年的记忆就这样从这些充满智慧的器具中奔涌而出，使人们感受到远古的呼吸。这些古老文物中凝聚的是中华文明传承的意义。

在三星堆文明浓厚的异域风情中，酒器的出土并不突兀。酒的诞生伴随着中国文明的发展，以它独有而特殊的方式参与到整个社会生活。

“天府之国多佳酿，蜀都自古飘酒香。”在人类未完全开化之时，四川便出现了最早的酒。在“中国酒都”宜宾，因其优良的地形与水质，酿酒历史已经绵延了4000余年。从商周时期的窖酒，到唐代重碧酒、宋代姚子雪曲、明清杂粮酒，再到1909年因“集五粮精华而成玉液”正式得名五粮液，五粮液美酒在岁月的复刻与研磨中，流淌千年，香醉了时光。

人类的记忆铭刻在各种物质承载中，而我们就是这些记忆的接收者。4000多年的酒文化传承，延续不断的逾千年酿造技艺，五粮液作为历史延续的文化瑰宝仍活跃在人类生活中，在其磅礴喷香、回味悠长的萦绕中，敬天地、叙情谊、品历史，可壮志凌云，可佐书万卷。

一杯酒，是一部文化史，更有无法诉说的人生情感，藏着百味的体验。

对艺术的追求与向往促使人类创造了持久而伟大的事物。蜀地传奇的唤醒不曾停步，而未知则叩问不止。

无论是沉睡千年的绝世古物，还是传承千年仍旧生生不息的古法酿艺，它们都透过艺术性与美感穿越历史云烟向我们低语，这其中不仅仅有质感，也不仅仅是口感，更展示了富于创造性的想象力，让人类历史不断前行，让文明熠熠生辉！

三星堆南300公里，另一项考古也有意思

文 / 九公子的秋雪

沉睡数千年，一醒惊天下。

国际上众多媒体将“三星堆”的发现与古埃及、古巴比伦以及玛雅文明置于相同高度，并称之为世界第九大奇迹。这个被誉为“20 世纪人类最重大考古发现之一”的三星堆遗址，最近又有重要收获。

2021 年 3 月 20 日，“考古”重大项目工作进展会通报，被各大媒体争相报道。这次三星堆遗址里不仅出土了金面具残片、鸟型金饰片、彩绘铜头像、巨青铜面具、青铜神树、象牙、玉琮等重要文物，还有很多陶盆、陶缸、陶罐容器以及青铜酒器，让我们不禁想象4500年前古蜀农业生产和酒文化有多么灿烂辉煌。

三星堆是什么堆？

三星堆古遗址位于四川省广汉市西北的鸭子河南岸，分布面积 12 平方千米，距今已有 3000—5000 年，是迄今在西南地区

发现的范围最大、延续时间最长、文化内涵最丰富的古城、古国、古蜀文化遗址。

三星堆是如何被发现的？话说 1929 年，四川一位农民干活时，无意中发现了一堆精美的玉石器。从此，“沉睡”数千年的三星堆遗址露出冰山一角，古蜀文明的神秘面纱渐渐被揭开。

1986 年，连续两个古蜀人的祭祀坑被考古工作者发现，其中，有许多世所罕见的青铜器、玉石器、金器，以及数量众多、姿态各异、形体巨大的青铜雕像。世人已经意识到，这是“一种在四川分布较广的、具有鲜明特征的、有别于其他任何考古学文化的一种古文化”，将其命名为“三星堆文化”。

蜀酒之源三星堆

在三星堆出土的众多文物中，形制各异的陶制酒具、青铜制酒器赫然在目。这些出土的酒器种类之繁复，做工之精密，令人拍案叫绝。

三星堆考古还有一项重大发现：出土了已经碳化的种子，经专家确认是水稻种子。这一发现，足以证明在 4500 年前，古蜀地先民们已经开始种植水稻了。酒具和大米被同时发现，可猜想早在 4500 年前的三星堆时期，古巴蜀人或许就已经会使用大米酿酒了。

这次发掘的陶制酒具有盉、杯、尖底盏、觚、壶等，青铜制酒器有罍、壶、尊、方彝等，其间又包含酿酒用具和喝酒用具两大类。其中，酿酒用具高颈罐这一特点，更便于密封罐口，防止杂菌进入。可以看出，古时蜀人酿酒技能已达到一定水平。

在神秘、浪漫、崇高的三星堆文明中，粮食酿就的酒文化已然兴起，构成了古蜀文明的传统之一。从粮食的天然发酵到人工酿酒，三星堆的酿酒史可谓悠长，酒文化滋润了古蜀人的日子。酒不仅直接与农业生产的丰收和饮食生活的美满息息相关，同时也作为一种文化符号，代表着未曾间断的文明进程。历史悠久、内涵丰富的蜀酒文化在整个中国酒文化历史长河中熠熠生辉，而蜀酒从古至今在中国酒业中独占鳌头。

考古千年酿造文明

杜甫的《戏题寄上汉中王三首》诗中写道“蜀酒浓无敌，江鱼美可求”。古代蜀国酿酒业的昌盛，与蜀国得天独厚的水性、土质和气候条件有必然联系。如今，三星堆遗址的挖掘还在继续，而在三星堆往南 300 公里的宜宾，“考古五粮液”项目也在紧锣密鼓地进行着。

北纬 30°附近的中国四川宜宾，地处被联合国教科文及粮农组织誉为“地球同纬度上最适合酿造优质纯正蒸馏酒的地区”，这里自古便是酿酒业最发达的区域之一。

“考古五粮液”对宜宾城区古酒坊遗存的分布做了详细考察，发现代表宜宾酿酒历史的五粮液八大古酒坊选址大多坐落于江边，且靠近水路码头。

专家表示：“白酒遗产是一种复合遗产，它兼具了物质文化遗产和非物质文化遗产的双重属性，它不仅包括窖池，还包括厂房、储存空间、沿街店面、古代前店后坊的格局等，它是一个综合体。白酒工业这种城市文明产物，往往都在交通枢纽上，像五粮液所在的宜宾就在岷江、金沙江和长江的汇合处，此处无论是水路还是陆路都很发达。”

解析五粮液古窖池历史价值离不开对宜宾酿酒文化遗存的发掘。目前阶段的考古发掘工作，发现了一批从元至明清时期与酿酒密切相关的文化遗存，出土的文物中有宋元时期青白瓷、黑釉瓷，清雍正官窑斗彩瓷片等。其中，在火烧房遗址发掘工作中发现，该遗址可能是一处前店后坊的蒸馏酒作坊遗址，是迄今为止全国范围内生产要素最为全面的一处蒸馏酒作坊遗址，价值重大。

诸多古酒坊、古窖池以及与酿酒有关的粮仓、作坊、水井等遗迹、遗物，都在这片土地上留存下来，分别以物质与非物质的

五粮液酿酒古作坊（古酒坊）（五粮液供图）

形态发展和传承至今，成为探索中国酒史渊源与酿造工艺演进的鲜活印记。

宜宾独特的紫色土保证了原料作物的生长，尤其是以此土种植的糯红高粱，所含支链淀粉是极好的五粮液酿酒原料。宜宾丰富的土壤资源还孕育了大米、糯米、小麦、玉米等粮食，五粮液正是集这五粮之精华酿造而成。

“千年老窖万年糟，酒好须得窖池老。”窖为酒之魂，五粮液有着数量庞大的、不可复制的核心优势资源——古窖池群，其中，源于1368年的明初古窖池，不断代酿造生产时间长达654年，是全国重点文物保护单位，也是国家工业遗产，并入选中国世界文化遗产预备名单。

仰承宜宾独有的气候温和、雨量充沛、立体气候明显等自然条件，历经岁月的积淀，形成了五粮液独有的“酿酒微生物王国”，也形成了五粮液独特的传世浓香。

一代代五粮液人，汲取明初古窖之底蕴，承袭千年古酿之佳艺，让五粮浓香在古窖池里绽放。

穿越时空，透过璀璨的巴蜀文明，我们期待与五粮液共同开启中华酒史的寻根之旅，让世界共享人类文化遗产的福祉。

五千年的陶杯，盛着怎样的酒？怎样的月光？

文 / 九公子の星野

2009 年，四川省文物考古研究院在宜宾市屏山县距今约 4500 年的叫化岩新石器时代遗址发掘出一个红褐色陶杯，轰动一时。专家判断，这个陶杯是当时的酒器。

作为宜宾出土文物中最古老的酒具，这个陶杯见证了酒都宜宾 4000 多年的酿酒历史。

数千年前的陶杯，盛着怎样的酒？怎样的月光？又经历了怎样的岁月风霜？

一、星辰指引飘香的方向

文物承载着人类文明，即便只存于这颗星球的嶙峋一角，却铭记着岁月的更迭、历史的原貌和人类智慧的结晶。

星河璀璨，江清野旷。

陶杯的主人很可能是一名部落女性。她仰望星空，依据星辰的指引，掌握四时的变化。她要决定播种及收获的时间，分配渔猎的成果，识别迁徙的方向，还将剩余的果蔬粮食酿造成美酒……

也许她就是最早给陶杯注酒的人，而有幸饮酒的人，应该都是为部落作出过贡献的人，或孔武英勇，或德高望重……

酒杯空了，月光满了。一个部落的仰望，伴随篝火的闪亮，萌动着生命的张扬。

这个部落生活在金沙江畔，可能是僰人的祖先。红褐色陶杯的赫然出现，证明了早在 5000 年前宜宾就已经有了人类繁衍生息，并以氏族部落的形式进入原始渔猎和农耕生活。

日出而作，日落而息。遗址中还发掘出一把半月形的石刀，应该是当时的收割工具。这里已由依赖自然采集的渔猎经济跃进到改造自然的种养业经济。

先秦时期，僰人普遍种植水稻，宜宾城近郊山谷祠东汉岩墓中出土的陶田，出现了自流灌溉、稻田养鱼等先进农业生产技术，证实了当时农耕文明的辉煌。

泱泱五千载，宜宾拥有“七山一水二分田”生态环境优势，

这一地貌单元结构为当地提供了优良水质和大气，加之湿润季风，形成了热量丰足、雨量充沛、无霜期长、光照适宜、雨热同季等优势气候条件，造就了今天宜宾广阔的生物带，为酿酒业发展提供了得天独厚的天然环境。

地跨北纬27°50′—29°16′与东经103°36′—105°21′之间的宜宾，被联合国教科文及粮农组织定义为“地球同纬度上最适合酿造优质纯正蒸馏白酒的地区”。

“川酒甲天下，精华在宜宾。”从商周时期的窨酒，唐代重碧酒，宋代姚子雪曲，到明清杂粮酒，五粮液从岁月深处流淌而来，带着宜宾千年酿酒文化的精华，如星辰般闪耀于中国酒文化的历史长河。

二、泥土夯实文明的积淀

奔腾的文化巨流中，翻涌着五千年中华文明波涛。一捧黄泥，一掬清水，一担五谷，在时间里，是谁炼化了谁？

斗转星移，沧海桑田。

自早古生界浅海环境开始，这里经过海水浸没、退走，地壳抬升，河床下切，风化剥蚀和堆积……

新生代最新纪第四纪后，宜宾形成了现在的地质地貌，土质特别利于酿酒，地表沉积了很厚的黏土，土温亦是酿酒有利条件。据《宜宾市志》中记载，经多年测录，宜宾全年气温保持平均值19.8℃—19.9℃，其低温参数适宜于酿酒微生物生长。

金沙江畔部落首领的陶杯，连同她脚下的泥土一起，被埋进

深邃的岁月时光之中。

新石器时代已远去，陶杯及这片土地的故事还在继续，这里的泥土滋生润养万物，成窖酿化美酒。

相传，大禹治水时由于洪水肆虐，劳动人民在与洪水搏斗的过程中苦不堪言。有人把酿好的酒送给抗洪军士及身患风湿的百姓，人们喝了后，感到全身的酸疼和疲乏好像都没了，浑身有力，最终取得了治水的胜利。

陶杯是目前宜宾出土文物中最古老的酒具，是宜宾有 4000 多年酿酒史的实物证据。

五粮液酿造所有窖泥取自当地特有的弱酸性黄黏土，含有适量沙砾，有助于酿酒微生物的持续呼吸。五粮液古窖池窖泥至今是国家博物馆唯一永久收藏的“活文物”。

三、诗人梦恋岁月的味道

中华文明是人类唯一不曾断流的文明。文化传承生生不息，一代代炎黄子孙在这片土地生活繁衍，留下了无数绮丽传说。

这片弥漫酒香的土地上，从祭祀、营养到助兴、社交，酒已成为礼的代表、诗的伴侣。

诗人的流浪，总在入川出蜀间。

公元 765 年春天，53 岁的杜甫弃官漂泊西南，到戎州，他用豪气干云掀起笔底波澜，写尽民间疾苦。

在戎州东楼，宜宾水土孕育出的五粮液前身佳酿“重碧酒”给诗人莫大慰藉，写出《宴戎州杨使君东楼》：“重碧拈春酒，轻红擘荔枝。楼高欲愁思，横笛未休吹。”

770 年冬，有雪覆舟中。千古“诗圣”长眠舟中，留下对国家和人民最后的挂念，“战血流依旧，军声动至今”。

江西诗派始祖黄庭坚，被贬来到了戎州，并在此讲学教士，效法王羲之兰亭集会，修建了曲水流觞池。

九曲形流杯池，峡谷林泉中文人雅士聚集，他们以山水为友，以“落星石”为伴，在岩壁上留下石刻题记。

在戎州，黄庭坚尝到了“姚子雪曲”，写下《安乐泉颂》：“姚子雪曲，杯色争玉。得汤郁郁，白云生谷。清而不薄，

厚而不浊。甘而不哕，辛而不螫。老夫手风，须此晨药。眼花作颂，颠倒淡墨。”

如今的五粮液，保留了姚子雪曲的神韵，更以大国浓香的经典代表蜚声世界。

五千年的陶酒杯，盛着迷人的酒，盛着醉人的月光，更盛着一代又一代人传承的神秘技艺和动人的传说……

Tips · **宜宾酿造产业传承千年**

宜宾，自古以来就是一个多民族杂居的地区。聚居此地的各族人民依托世代承传的习俗和经验，曾经在不同的历史时期，酿制出了各具特色的历史美酒。目前有史可考的，诸如商周时期僰人酿制的窖酒、南北朝时期彝人酿制的咂酒、三国时期鬏鬏苗人用野生小红果酿制的果酒等，都是当时宜宾地区少数民族的杰作，无不闪烁着古代中国人对酿酒技术的独到见解和聪明才智。五粮液与窖酒、咂酒一脉相承。

一千多年前，
一个叫刘备的摊贩说要靠卖鞋上市

文 / 九公子的浪

摆摊也能做大做强?

当然能。

某电商创始人不就是从摆地摊开始发家的，他的电商平台还在香港挂了牌。

摆摊还能上市？怎么上市?

鞋贩刘备、枣贩关羽、肉贩张飞告诉你。

原始股东得靠谱

刘备的创业之路，与曹操、孙权有极大的不同，曹操与孙权都是继承家族企业。而刘备虽是西汉中山靖王刘胜之后，却没有家族势力可以依赖，人生的第一桶金就来自在河北涿县摆的草鞋地摊。

因此，刘备创业需要找合伙人来分担创业风险，原始股东得靠谱。

有资本、有实力的投资人是根本看不上摊贩的，兜兜转转，枣贩关羽、肉贩张飞出现了。

关羽、张飞是典型的无产阶级。关羽唯一的财产就是出场时有一辆手推板车，张飞入股的钱还是拿剔骨刀换的，才好歹不算赤贫。

不管怎么样，刘备集团就算是正式成立了。

关、张属于公司的创业老人，原始股的代表，就相当于刘邦的萧何、曹参等沛县团伙，以及朱元璋手下的李善长、徐达等淮西集团。

那时候创业艰难，不但没厂房、没资金、没员工，连营业执照都没有，完全是白手起家。

东汉的市场环境是很残酷的。刘氏集团要生存发展，不能只靠几个大股东，愿意加盟增资扩股的小股东也很重要，否则必定扑街。

赵云、诸葛亮准时出现了，作为第二批次加盟的小股东，类比的话，就好比是朱元璋手下浙东集团的浙东四杰。

分红派息别抠门

赵云、诸葛亮都是在公司惨淡经营之时加盟的，当时刘备集团已经到了破产边缘，赵云、诸葛亮入股没捞到什么好处，反而扛了不少风险和债务。

原始股东、增资扩股的股东长期吃苦受累可不行。

刘备也想增强投资者的获得感，当然得重回报、高分红。

怎么让股东回报最大化呢？

公司打入成都市场后，有人提议将成都城内的部分屋舍、城外的田桑等分给股东，不少人附议。可这是公司固定资产啊，公司还不稳定，得为将来考虑。

刘备最后采用的是现在非常流行的现金分红制度，并且立刻开了董事会。

“各位股东！你们要么是摆摊卖鞋那会儿就跟了我的，要么就是在刘氏集团还是个壳的时候就决定加盟的。请诸位放心！刘氏集团坚持分红派息，使全体股东享受公司成长带来的收益增值。”

董事会通过现金分红草案，赐诸葛亮、赵云、张飞及关羽“金五百斤，银千斤，钱五千万，锦千匹”。

刘备占领成都之后，对部属进行的赏赐，最多者仅上述四人。

引入高净值战投

公司发展时间久了，就会遇到瓶颈。有好长一段时间，刘氏集团规模和效益都上不去。

刘备就开始思考，原始股东里，关羽、张飞和自己一样，是摆地摊的；赵云是个古惑仔；诸葛亮是个躬耕南亩的青年农民。

一个集团，股东全是平民，听起来像个团伙，不像个团队。

股东的出身问题，放到今天那完全不是个事，资本市场能白手起家的都是英雄。

可是放到当时的社会就有问题，名不正，言不顺，得引入高净值人群，吸引战投，再融资。

就在这时候，世代名家、将门之后马超出现了。

马超的加盟一方面是利用其威震凉州氐羌，为刘氏集团打入凉州市场增加砝码；另一方面马超自带流量，是一个阶级标识，整体上大大提高了刘备武将集团的“上层感”。

所以，马超投降蜀汉毫无业绩，刘备却给予高官厚爵，显然重在利用其名声。

你曹操不是西汉相国曹参之后吗？

我刘备是西汉中山靖王之后，我们小马是东汉伏波将军马援之后。

谁比谁差？

舆论环境要和谐

公司想要 IPO，就得营造和谐的舆论环境，这也是刘氏集团干得最成功的。那么，刘备集团的舆论和谐的秘诀是什么呢？

占据道义高地。

刘备“善下人”，一点董事长架子都没有；关羽出名的心软，是刘备集团践行企业社会责任的重要人物；赵云就更不用说了，吸引了一大批颜粉。

在开拓荆州市场的时候，关羽获降卒三万而不杀。

但三万人吃饭是大问题，于是抢了孙权的粮仓，好生养着。

赵云年轻，长得也帅，难得的是弃公孙瓒而从“弘毅宽厚，知人待士”的刘备。当阳长坂坡大战，刘备残军被曹操数千精骑穷追，赵云挺身而出，救出继承人阿斗。

概而言之，刘备集团是有政治信仰的，相信天下“唯有德者据之”，因而一直秉持儒家仁义的民本思想，逐渐占据了道义高地。

人才引进花心思

刘备的公司越做越强，但仍然亟须高级人才加盟。

刘备志向远大，他是要去上市敲钟的，公司不能只搞小团伙，不能只论资排辈。

他向天下释放信号：不论参加革命工作早晚，只要你有能力，有贡献，你在我这就有无尽的上升空间。

黄忠、魏延、庞统显然 get 到了这个信号，前来应聘。

黄忠是那批新员工里头干得最好的，回报也最多，得到了和关羽一样多的股份，和关羽平起平坐。

关羽不干了，“现在企业已经发展成为独角兽了，突然空降了个高管，还和我平起平坐，我可是 25 年前摆摊时就在的三大原始股东之一”。

刘备显然有大智慧，“功成不必在你我，让功、让名、让利，成就下属，才能成就我们自己的事业，总要让广大的归附集团一样有奔头、有盼头”。

终于，221年，刘备集团得偿所愿，在成都敲钟上市，改证券代码为“蜀汉”。

后话：刘、关、张

你们摆错摊了。

摆摊固然能做大做强，可是摆什么摊也很讲究，不是什么摊都能赚钱的。

卖鞋、卖枣、卖肉，不如卖酒。

三国时期是崇尚酒的时代，酒俗繁多，酒风猛烈。

无论是使节往来、官吏互访，还是民间会友，酒是绝对不会少。

你们三人嗜酒，你们后来的部属、敌人有哪一个不喝酒？

桃园结义要喝酒、孙刘结盟要喝酒、曹操刺董卓要喝酒。

仅从刚性需求看，酒摊就是妥妥的“站到风口上，猪都会飞上天”的那种风口产业。

而蜀地又天然具有酿酒优势，一方水土出一方好酒。这里，金沙江、岷江、长江交汇激荡，滋养万物生长。这里，四季分明，年均18℃的温润气候最为适合酿酒微生物繁衍生息。

“川酒甲天下，精华在宜宾”，你们看，地处宜宾的“中华老字号”五粮液，承袭了千年传统酿造技艺，护持着654年不间断酿造的明初古窖池群，一脉相承到了新时代！

所以，当年你们如果摆的是酒摊，可能早上市啦！

旅游博主郦道元：至柔之心　至刚之行

文 / 九公子的散丹

水，至柔，包容世间万物，灌溉生命无数。

水，至刚，带着滴水穿石与沧海桑田的力量。

刚柔并济之中，闪烁着人生之真谛。

那天，天有点冷，被困在阴盘驿亭（今陕西省西安市临潼区东），断水已十几天了，他和他的弟弟还有两个儿子快要坚持不住了。

生命之水全部被切断，只能眼看着贼寇跳墙而入，将他们层层包围。

无力招架，被饿得枯瘦的他拼尽最后一丝力气，全力嘶喊："天道轮回，公正自在人心。吾将死矣！"怒目扫视，慷慨赴死。

丧心病狂的贼寇们却是无法欣赏这英雄主义，他们可是领了杀无赦的命令的。

终于，55 岁的郦道元还有他的至亲们命丧阴盘驿亭。

都说智者乐水，仁者乐山，一个对山水充满大爱的官二代，把自己的人生 level 提升了 N 个难度档，历经半生之力观遍天下之水，最终却落得无水可喝的结局。

官二代的人生起跑线

郦家世代官僚，郦姓是一个典型而古老的汉族姓氏，黄帝后裔，发祥地在中原地区，在《百家姓》中排第 303 位，郦在现代汉语里只作姓。

从前，郦家出了一个名叫郦范的青年，一身的聪明才智和过人谋略，又恰逢战乱，有了用武之地，成为了一名优秀的军师。

文弱书生四两拨千斤，凭借几句话就跟着将军打下了山东。然后他们一家子就在山东安了家，生了五个娃，老大名叫郦道元。

郦道元一出生就是来给广大人民拉仇恨，妥妥的官二代，出生时间史书没有明确记载，大约是北魏孝文帝延兴二年（472 年）。

富二代家的官职是世袭的，17 岁那年，郦道元父亲去世，他守孝三年后，继承爵位，开启当官路。

小郦同学打小争气，聪明机智，勤奋好学。

他爹觉得这孩子哪儿都好，就是有一点美中不足——没有继承他爹那圆润的脾气，眼里容不得半点沙子。

他爹劝："儿啊，做人还是低调一点的好。不是事事都能如你所愿，公平也不是绝对的。有的时候，人要学会隐忍。"

郦道元可不听，他觉得他那是替天行道。

在他的世界里，黑白分明。

傻孩子，你老爹是为了你好啊。没了家人的庇护，这世界哪是那么好冲撞的。

文青少年郎的环游理想

小时候的郦道元爱看旅游攻略，什么《山海经》《禹贡》《汉书·地理志》都爱看，最喜欢的是三国时期一个不知名的人写的《水经》，里面记载了 137 条干流。

十二三岁的时候，郦道元喜欢说走就走的短途旅行，常常是和家里打个招呼就出发，到了半夜还不回来，总是把爹妈吓个半死，天天提心吊胆。

家里大儿子才能出众，长得又帅，不天天在家踏实学习，老出去瞎溜达！

“儿子，你这也不在家好好学习，长大要干啥？”

“世界这么大，我到处溜达溜达，万一我也找到个五柳先生的世外桃源呢。”

他爹想：这孩子挺敢想啊，看看最后能闹出个啥花花来。

当时的皇帝是北魏孝文帝拓跋宏，这位 5 岁就登基的少数民族皇帝，在宫中受到了良好的教育，等到成年开始对国家进行管控和大规模改革。

他热衷汉族文化，以身作则将姓氏改为元，又鼓励百姓换汉服、说汉语。

在这种环境下，儒、玄、佛、道思想大肆盛行。

郦道元就是玄学的死忠粉丝，他的心血之作《水经注》中有很多人文、地理的描写带着玄学的奥秘。

同时他从小受到正统儒家思想的熏陶，儒学在《水经注》里也有很明显的体现。

中国这么大，那时候也没有飞机火车啥的，郦道元怎么实现这诗和远方的纽带呢？

靠走！郦青年在都城当值时，走遍大同附近所有景点，发现并记载了火山、温泉、煤田还有壁画。等到孝文帝到外地考察，他又陪同领导出差。

好日子没过几年，32岁的拓跋宏去世了。

郦道元离都到外做官，先后担任过鲁阳（今河南鲁山县）郡守、东荆州（今河南泌阳县）刺史。

行了这么多路，看了这么多水，光旅游不够过瘾，他要记录下来！

他决定用他这些年收集的资料，为最爱的《水经》写一本批注！

原先仅记述137条河流、一万余字的《水经》被扩大了20倍。郦道元的《水经注》，共计40卷约30万字，记述了大小河道1252条。

郦道元不仅仅是旅游时的顺手游记，他每到一个地方都会认真地实地考察，寻访古迹民俗，还和当地老乡唠家常。

双脚触及不到的地方，就用文献补充，《水经注》引书多达437种。

更重要的是，这是他用文学性语言批注的一本地理名著哦，所以《水经注》在文学史上也占有一席之地。

没有百度没有知网，没有相机没有电脑，很难想象，1400多年前，一个兼职的旅游博主，是如何追溯、丈量这一千多条大江小河的。

并且将有关的历史遗迹、人物掌故、神话传说等一并记载，甚至还有碑刻墨迹和渔歌民谣。

活生生用脚和书籍，打造出了古代北斗定位 + 高德地图 + 携程旅游。

要知道，古代陆路交通没有水路交通发达，古代君王多数主张发展漕运水路，直到民国初期水路都是我国最主要的交通途径。

他在书中记录的三峡、大运河等对古代交通运输和现代地理研究都有着极其重大的作用。

现在我们出门都要打开手机上的地图 App 找路，或许 1400 多年前，人人出门怀里都揣着一本《水经注》，按图索骥以防迷路吧。

怪不得刘献廷在《广阳杂记》中称其为“宇宙未有之奇书”。

硬核中年就是刚

你以为这样的郦道元只是个浪漫又多情的探路者吗?

不，作为优秀斜杠青年，他还是那个耿直的公务员。

郦道元打从开始工作那一刻起，就秉承着绝对公平的准则。

拓跋宏在世的时候，欣赏他的清正执法，刚正不阿，所以连连升职。

等到拓跋宏去世，他经历几起几落，到北方偏远地区任职。

那地方胡汉杂居，人多事杂，当地恶寇也不服管教，郦道元埋头苦整 3 年，强盗恶寇们都刚不过他纷纷跑路。

那些年的郦道元才二十七八，踌躇满志，意气飞扬，觉得只要坚持信念，天下无不成之事。

后来他去东荆州出任刺史，办事方针丝毫未变。

当地胡人被地主老财忽悠，联名上诉郦道元为官过于严苛，影响民族团结，朝廷不得不罢了他的官，让他回家去了。

回家的郦道元可没闲着，揣着一壶酒，走遍了山川河流，写了《水经注》。

他曾走到岷江上游，那里水源充沛，他在《水经注》中写道:缘崖散漫，小水百数，殆未滥觞矣。

郦道元没有想到，这片丰沛的水域，在后世酿造出了一款流传千年的绝世佳酿。

起初是在唐朝，戎州（今四川省宜宾市）官坊用四种粮食酿制出一种春酒，酒味甘美，酒色青绿，远近闻名，被称为“重碧酒”。

宋代，宜宾绅士姚君玉用五种粮食混合，配以岷江岸边的安乐泉水酿造出“姚子雪曲”；明朝初年，宜宾陈氏承前启后地总结出陈氏配方，酿造出酒味层次更为丰富、营养成分更为多样的“杂粮酒”。1909 年，此酒因“集五粮精华而成玉液”，被晚清举人杨惠泉正式命名“五粮液”。

安乐泉作为岷江古河道地下优质天然矿泉水，水质甘美可口，如今仍为酿造五粮液的水源之一。

遥想当年，日日沉醉于《水经注》创作的郦道元若得佳酿，估计《水经注》中就要多“浪花与酒”的故事了。

回到文章开头，写《水经注》的郦道元怎么又打上仗了呢？

原来是叛军作乱，朝廷又想起了郦道元，匆匆推他上战场，没想到和叛军乱七八糟打了一通，居然打赢了。

几经沉浮的他，在兵荒马乱里杀出了一条道，高升着又回到了都城。

回到权力中心的郦道元大概也在心里告诫过自己，多想想老爹的话，圆滑不是缺点，做自己不代表只要刚直不阿。

可是他还是忍不住吧。

如果放到现在，这正义感这运气，估计在《复仇者联盟》当个男一号没问题，但是在等级制度森严的北魏，就不大妙了。

最后的英雄主义

To be or not to be？

对郦道元来说，这从来都不是个问题。

从白衣飘飘的少年高富帅，到清隽倜傥的中年帅大叔，郦道元初心未改。

嫉恶如仇的郦道元，怼上了一个皇族大佬。

百度是这么介绍滴：元悦，宣武帝元恪之弟，喜好读佛经，博览群书，但是性情怪异，不近女色，初封汝南王。

画重点。这样的元王爷有一群“男性密友”，细节不表，其中最打眼的一位名叫丘念。

朝廷要选官，丘念软磨硬泡，向元王爷求肥差——给钱多的当大官，给钱少的就罢官，在王爷送他的宅子里明目张胆地交易。

这事被郦道元知道了，别人不敢查，他不怕。

什么父亲的告诫、被罢官的前车之鉴，都比不上他胸中的正义。

凭着这腔热血，他在丘念往返大宅子和家的路上设了埋伏，一举抓获，将其送入监狱。

元悦一听不干了，跑到太后面前又哭又闹。

多一事不如少一事，一看这苗头，朝廷不打算追究了。

郦道元得知消息后，正义感伙同肾上腺素一起飙升，手起刀落，抢在旨意下达前手刃了黑心丘念，同时也彻底得罪了元悦。

一时间天下哗然，郦·复仇者联盟准男一号·道元名声大噪。

咬牙恨了四年，元悦终于等到了一个机会。

那年叛军又出现，凶悍万分，朝中无人请缨对谈。元悦向朝廷献言，推荐郦道元。

郦道元应下差事，前脚刚出了城，后脚元悦就给叛军送了信，怎么挑衅怎么来。

叛军收到信，气得牙痒痒，还能等郦道元来谈？直接动手！

于是就有了本文开头郦道元被困致死那一幕。

郦道元的个性，要是搁现代社会，可能会怎样？现如今凡事都讲究个高情商。

不过，一刚到底的郦道元，似乎也能给我们带来一些思考。

毕竟，正义感应当是存在每个人心中的一笔宝藏。

Tips · 宜宾作坊酿造始于明初

先秦时期，宜宾境内已经存在水稻、荔枝、姜、蒟等作物，为酿酒提供了丰厚的物质基础。汉代大批墓葬出土的酒史文物印证，此时的饮酒已经蔚然成风，酿酒技术也有了较大进步。宋代，宜宾酒业官酿、私酿并举，酒与茶、盐成为宋朝税收和安抚周边民族的重要通货产品，产量较以往也有了较大增长，名酒迭出。明代，独树一帜的地穴式古窖池和“大曲烧房”在宜宾城出现，五粮液的雏形“杂粮酒”开始进入大家的视野，作坊酿造时期开始了。

王勃的觉醒，是从四川开始的

文 / 九公子的浪

公元 669 年，繁华的长安城。

一个二十郎当岁的少年落寞地伫立在街头。

他回忆起从晋陕峡谷的古道渡口中走来的一路艰险，回忆起慈母严父的谆谆教诲，回忆起曾在父老乡亲面前说过，“一定要在长安闯出名堂来”。

而此刻，眼前的繁华即将和他没有任何关系，他背着行囊即将离开这个承载他无数梦想的帝国中心长安。

也许，这是上天刻意安排。

冥冥之中，有个声音对他说：“王勃，长安不属于你，你要去四川，开启唐诗的‘寒武纪’。”

他曾是朝堂之上最年轻的官员

王勃的起点是不低的。他自幼被称“神童”，15 岁科试及第，官从七品，也就是说别家孩子还在翻墙逃课泡网吧的年纪，王勃就已经来长安当官了。

可这个从七品衔是个虚职，并不负责什么实际事务，15 岁的小王勃有些无聊。

“我要让皇帝认识我！”他发出一句呐喊。

小王勃想要让皇帝重视他，只有一条路：写出最猛的诗，把皇帝吓一大跳。

公元 666 年，一篇《乾元殿颂》几经辗转呈于唐高宗李治的手中。

当唐高宗得知这样一篇辞采俊美、恣意汪洋的骈俪文乃是一个 16 岁的少年所作时，忽然觉得他的江山更加有朝气了。

唐高宗太喜欢这个年轻人了，可该如何安置王勃，成了唐高宗的心事。让一个年仅 16 岁的少年参政议政，对江山社稷而言似乎又有些欠妥。

他想到一个人，自己的第六个皇子——沛王李贤。唐高宗觉得王勃就是沛王李贤想要成“赤”而必近的“朱”。

于是，高级伴读王勃上岗了。他本以为从此官运亨通，没想到三年后无意间在网上发的一篇帖子让他的梦全碎了。

公元 669 年，斗鸡在长安城里流行起来，一篇名为《兄弟，过来斗鸡啊！》的帖子也在网上火了。

这篇帖子是王勃替沛王写给兄弟英王的斗鸡战书。

这帖子句句精妙，引得网友争相转载，终于被最不该看的人看到了。

唐高宗看了帖子，非常生气：“歪才，歪才！二王斗鸡，王勃身为博士，不行谏诤，反作檄文，有意虚构，夸大事态，是交构之渐。”

平民兄弟间当然可以斗鸡，也可以玩笑着下战书。但是皇家兄弟不可以，玄武门之变后的皇家兄弟更不可以。

唐高宗看到尤为刺眼，什么“两雄不堪并立，一啄何敢自安？”“血战功成，快睹鹰鹯之逐”“雌伏而败类者必杀，定当割以牛刀”，简直胡说八道。

“先帝当年在玄武门……他们都忘了吗？”此文显然触碰皇家禁忌，“传朕口谕，将王勃驱出王府，永不再用”。

就这样，王勃苦心经营刚刚打通的仕途，毁于一旦。

王勃的入蜀，一次唐诗的开辟之旅

几个月之后，唐诗的江湖版图上，在偏僻的巴蜀一角，忽然异常地亮了一下——长安通往蜀地的褒斜道上出现了王勃的身影。

已经无处可去的他开始了四处游历。翻越秦岭，穿过汉中，踏着崎岖的蜀道，他来到了一片新的土地——四川。

当时，诗歌江湖的中心是长安，那里聚集着数量最多的诗人，每天生产着最多的作品。

那时流行的是上官仪为代表的宫廷诗，所谓宫廷诗就是以宫廷生活为题材，以歌功颂德为目的的应酬诗作。诗句讲求对仗、词彩清艳、意向柔美。从今天的视角来看，其实就是《记一次盛大的早朝》《记一次超嗨的晚宴》《记一位绝美的小宫女》之类的诗。

试想一下，如果王勃继续待在长安，待在沛王府，他也许也只能写同样空洞的辞藻，无病呻吟的句子。

万幸，王勃的入蜀让这位天才少年脱离了宫廷诗的主战场。从此，长安少了一位宫廷笔杆子，诗歌史上却多了一位开辟巨匠。

在蜀地，王勃发现过去在宫廷里所写的那一套，到了这里完全不顶用了，根本无法展现眼前山川的壮丽，也无力抒发胸中的浩叹。

他要写一种新的诗，一种用心灵写出来的诗。

他直抒胸臆，感慨“悲凉千里道，凄断百年身”。

他描写更广阔的社会现实，“塞外征夫犹未还，江南采莲今已暮”。

他写出了宫廷诗永远不会有的离别缱绻，“寂寞离亭掩，江山此夜寒”。

今天回头来看，王勃的入蜀，是唐诗江湖的一次伟大的开辟之旅。在初唐的诗坛上，蜀地缔造了特殊意义的“一入”和“一出”，“一出”是后来陈子昂的出蜀；而这“一入”，就是669年的王勃入蜀。

王勃为什么会想到入蜀？他既不是蜀人，在这里似乎也没有亲眷。唯一的可能，大概是一方水土出一方好酒。四川以无法复制的天时与地利，缔造了五粮液的前身——重碧酒。

粮为酒之肉，水为酒之血。生长于蜀地紫色土壤的粮食作物，甘洌清澈的岷江水，让“重碧酒”美名播扬四方。

于是，嗜酒如命的王勃背起行囊，迈开脚步就来了。在四川

好山好水好酒的疗愈下，王勃的身心得到了完全的释放，被贬的焦虑很快被治愈，更别提他还交了很多朋友，其中一位就有日后与他并称“初唐四杰”的卢照邻。

我只活了 26 岁，可我要你们记千年

少年成名又常年羁旅，让王勃的气质也慢慢变了。

过去未冠而仕的书卷气慢慢褪去，他身上多了一丝意气风发和耿介不平。

王勃的耿介与桀骜在写《滕王阁序》一事上表露无遗，他是滕王阁夜宴的“搅局者”。

公元 675 年，重修的滕王阁落成，南昌都督阎伯玙在阁上大宴宾客，“捎带”准备炫耀女婿孟学士的才学——事先让女婿准备好一篇序文，在席间“即兴所书”。

25 岁的王勃游至于此，踏入阎公为女婿孟学士事先准备好的“出道之夜”。

宴酣之时，恰是妙文辈出之际，阎大人便提起作序一事。在场的文人大抵是看出了阎大人的心事，一片谦虚礼让之声。

孟学士扬扬得意，正准备把已在胳肢窝里焐热了的小抄掏出来。忽然，不按“套路”的王勃站了起来：“笔墨伺候！我写！”

随着王勃的书写，众人的眼神由轻蔑到震惊，终于“落霞与孤鹜齐飞，秋水共长天一色”跃然纸上时，众人被惊得说不出话来。

同样被一句“落霞与孤鹜齐飞，秋水共长天一色”惊得说不出话来的还有唐高宗。当他读到《滕王阁序》时，不禁拍案而起，

大呼："奇才，奇才，我大唐奇才！"

遂问身边的小吏："此序何人所作？"小吏吞吞吐吐地回答："就是当年那个撺掇沛王和英王斗鸡的王勃。"

"传朕旨意，将王勃召回长安！"

"陛下仁慈！可惜此人无福，日前渡海溺水，惊悸而亡。"

26岁，溺水而亡。一声唏嘘传了上千年。

倘若他没有早逝，唐诗的江湖怕是要地震，好多诗人的江湖地位，怕是要自动降低一档，《全唐诗》大概会厚一点！

他死后的第25年，李白出生；第36年，杜甫出生；第92年，韩愈出生；第96年，白居易出生……唐诗开始迎来"寒武纪"，而他是这场"寒武纪"的开端。

伟大的时代往往就是这样开启的：他轻轻走过，并没有什么大动静。他全身发着光，但他自己不知道。黑暗中，有人惊醒追随，发出惊叹的声音。

千年过去，人们不再记得他的《乾元殿颂》《檄英王鸡》，也不再提起他的名字。然而，在某个车站送别人的口中，或是随手翻开一本毕业纪念册时，你一定会听到或看到那一句"海内存知己，天涯若比邻"。

好奇他的样子吗？

"仆一代丈夫，四海男子，衫襟缓带，拟贮鸣琴，衣袖阔裁，用安书卷。"——这就是王勃。

千年大隐贺知章：我只是点人成仙的 KOL

文 / 九公子的散丹

碧玉妆成一树高，万条垂下绿丝绦。不知细叶谁裁出，盛唐 KOL 贺知章。

KOL，Key Opinion Leader，关键意见领袖，通常被定义为拥有更多、更准确的产品信息，且为相关群体所接受或信任，并对该群体的购买行为有较大影响力的人。

概念太死板？没关系，举例说明！

以前，有个满腹才情的青年叫李白，一心想扬名立万，成为一代名臣，写了很多文案，却没人点赞，没人评论，没人关注。

直到玄宗天宝元年，带着文案找到长安城里最著名的 KOL 贺知章。

贺老爷子一读，不得了啊，这《蜀道难》写得好啊，开始展开对李白的痴狂追捧，“读未竟，称叹者数四”“此诗只应天上有，人间能有几回闻”！还称李白为“谪仙人”。

从此，李白凭借“谪仙人”的雅号，登上历史舞台，从寂寂无名的十八线诗人，一跃成为大唐盛世最有名的网红，载誉千年。

那么，贺知章何许人也？他是如何修炼成为盛唐最大的KOL、有实力带飞李白的呢？

成功的官僚
用情商修炼升职记

659 年，贺知章出生于越州（今浙江杭州），小时候生活在绍兴的一个小镇上，家境小康。

贺知章从小便跟随父亲认字读书，父亲十分重视他的学习，严格要求小贺同学。

小贺天生的艺术家气质，加上不懈努力，造就了后世对他“狂客风流，落笔精绝”的评价。

695 年，武则天恢复科考，37 岁的贺知章顺利地考取了进士，成了武皇时代第一位金榜状元。

离开家乡，开启漫漫仕途路，如愿当上了唐朝一名普通又不平凡的公务员。

自武后登基，朝廷风起云涌。

武后虽然明察善断，善于用人，对管理也有自己的一套理论：奖励农桑，改革吏治，重视选拔人才。

但是女人发起狠来，还是很可怕滴。她大肆杀害唐朝宗室，兴起“酷吏政治”。

“李派”“武派”天天打得不可开交。

那个大家都在算计，随便一抱都是大粗腿的朝堂，贺知章同志选择了每天上班打卡，下班喝酒。

从不参与权力斗争，放弃实现荣华富贵的条条捷径，甘当单位里的小透明。17 年来，升迁缓慢到基本没有。

要是搁现在，肯定被七大姑八大姨们问来问去，整天 diss 不上进。各种公号会写什么《寒门之子不求上进》的文章抨击，电视剧会演什么天天混吃等死《都不好》……

直到延和元年（712 年），唐睿宗让位给了哥哥，又让位给了儿子，朝廷云谲波诡，大腿们纷纷倒台落马，墙头草们被殃及。

只有小透明贺知章依旧心平气和稳如泰山，被授予国子监下的四门助教，啧啧啧，从八品。

是年，李隆基登基，大唐迎来开元盛世。

动荡中，贺知章小升一级，开始了仕途生涯的晋级之路。

开元四年（716 年）授任起居郎，每天的工作就是记录皇帝的言行。

这活可不好干。按规矩，皇帝对“起居注”的内容是不能过问的，但是哪个皇帝不在意自己的名声呢？

玄宗可是个爱惜自己羽毛的皇上，不过 EQ 超高的贺知章一干就是 6 年，游刃有余，进退有度。

天天在皇上身边，玄宗对这个小老头也是印象极好。

这一年，玄宗打算去泰山封禅。

封禅是个大事，是国家太平、风调雨顺的象征。历史记载，自秦始皇开始至今，历史上只有 6 位皇帝到过泰山封禅。

但是封禅的日子却迟迟定不下来。有仪式感的那拨大臣认为，应当清明的时候封禅，念旧的那拨呢，认为应当开国纪念日那天封禅。

玄宗听着都挺有道理的，选择困难症犯了。

此时，67岁的贺知章又发挥他会说话的优点了，说：“你们别吵了，封禅之事贵在皇上一颗为民之心，时间神马的有那么重要吗？”

玄宗一听，可不就是这么回事嘛。当即拍板3天后去封禅。

“老贺，你这么会聊天，去教教太子吧。”

和老子相处好了，又让他去教儿子，贺知章的后半生都在皇宫这个敏感又尖锐的家庭游刃有余。

对比同时期到处碰钉子最后只能归隐田园的孟浩然，遭人诬谤最终病死的王之涣，被迫做了伪职被贬的王维，人生的境遇真是天上人间。

贺知章虽然等待的时间长了点，但是高情商的金子总是会发光滴。

在纷乱的朝堂变革中，他始终坚持初心，明白进退有度的真理，终于完成了从小助教到太子侍读的贺拉拉升职记。

优秀的酒徒
来自名士的通达风流

不会写诗的侍郎不是好书法家。

职场中深谙中庸之道的贺知章，业余时间那是安排得井井有条，写诗练字喝酒，工作生活两不误。

《旧唐书·文苑传中·贺知章》中记载贺知章：性放旷，善谈笑。晚年尤加纵诞，每每酒醉淋漓，酣畅至极，自称“四明狂客”，四处交友谈乐。

每次酒喝得痛快了，必须得挥笔泼墨写上几笔，每纸不过十几个字，但是在市面上绝对能卖个好价钱。

跟着喝酒的小弟们，每次都要赶紧收起贺大师的真迹来。

真性情的贺知章则从来只管自己酣畅淋漓。

是夜，街上行人稀少，月光伴着星辰，这是多么宁静美妙的一番景象。

忽见远处有个小老头，一边饮酒一边大声吟诗，打破了这夜晚的宁静。

这谁啊，衣冠不整，胡子拉碴，满身酒气，还这么摇晃呢，他这是在大街上骑马呢还是在旱地里坐船？

眼睛一眨，哎，小老头不见了。人去哪儿了，莫非是个神仙？

等到第二天早上，天刚亮，雾蒙蒙的长安街市边，旱井底下躺着一个人，还打着呼噜睡得正香！仔细一瞧，这不是贺知章贺大人吗?

原来是经不住酒香，公休日又多喝了两杯，骑着他的小马眼花掉旱井里睡了一晚上。

这可是杜甫《饮中八仙歌》里写的，“知章骑马似乘船，眼花落井水底眠”。

饮中八仙之首贺知章豪放、旷达，不拘小节。

《书史会要》中写到，贺知章“善草、隶，当世称重。晚节尤放诞，每醉必作为文词，行草相间，时及于怪逸，使醒而复书，未必尔也”。

别人都是喝酒误事，贺知章酒醉后写的字居然比平时还要好。

什么样的神人，才能如此放荡不羁，把酒喝到这境界啊。

也可能是因为如此性格，贺知章流传下来的诗不多，收录于《全唐诗》中的只有 20 来首。

亦诗亦酒，诗酒相融。贺知章生活的盛唐，正是“诗酒文化”最繁荣的时期。

彼时，酒政松弛，酿造业发达，连皇上都在宫中亲自酿酒。在都城长安（今陕西西安）酒肆中，上品皆为蜀地名酒重碧酒。

蜀地自古酿酒业发达。自秦孝公以来，四川盆地皆为秦之粮、铁基地，尤其李冰父子修建都江堰后，治理了岷江水患，造就了水旱从人、沃野千里的“天府之国”，为酿酒提供了得天独厚的自然条件。盛唐时期，岷江入江口的戎州（今四川省宜宾市），不仅是美酒出川的交通要道，更是“街头酒贱民欢乐”的酒王国。

在唐代，戎州官坊用四种粮食酿制了一种“春酒”。贺知章的好友杜甫大约在公元743年到了宜宾，当时的戎州刺史杨使君在东楼设宴为他洗尘。杜甫尝到了春酒和宜宾的特产荔枝，即兴咏出“重碧拈春酒，轻红擘荔枝”的佳句，春酒由此改名为“重碧酒”。

重碧酒即为世界名酒五粮液的前身。千年时光变迁，从重碧酒到姚子雪曲、杂粮酒，再到1909年因“集五粮精华而成玉液”正式得名，五粮液见证了诗酒文化与历史的变迁。

洒脱的人生
也存有执着的情怀

公务员贺知章一直工作到86岁，可谓鞠躬尽瘁。

那一年，身子骨一直硬朗的他生了一场大病，躺在床上几乎不省人事了，后来死里逃生，立刻上表奏明皇上，请求恩准还乡。

当时，他的领导好友都纷纷劝他——

李白：老贺啊，回去干啥，咱们继续一起喝酒泡吧看小姑娘！

玄宗：有住房，有医保，还有退休金，您想要啥我给啥，别回去了吧。

太子李亨：贺老师，我还想听您讲故事呢，要不和父王说说再给您老升升职？

但是贺知章归心已决，甭管首都的住房医疗条件多么地好，他依旧要回到生他育他的那片故土。

退休返乡那天，谁都看不上眼的领导玄宗拉着他的手，命令文武百官一起去为他尊敬又爱戴的贺老送别饯行，并亲自作诗——

遗荣期入道，辞老竟抽簪。
岂不惜贤达，其如高尚心。
寰中得秘要，方外散幽襟。
独有青门饯，群僚怅别深。

——《送贺知章归四明》

终于，在外漂泊大半生的贺知章，舟车劳顿，拼尽全力回到了儿时的故乡。

未承想，岁月无情，昔日的伙伴亲人们，早已没了踪影。

村口的小辈们只把他当作外地来的客人。悲从中来，叹出了千古名诗——

少小离家老大回，乡音无改鬓毛衰。
儿童相见不相识，笑问客从何处来。

——《回乡偶书》

但无论怎样，在贺知章生命的最后时刻，终究是落叶归根。

在这放荡不羁的灵魂深处，一刻也不曾忘记过自己，忘记过家乡。

越是看似自由飘散的人，内心越是有自己的坚定。

在今天，《回乡偶书》也能表达游子的思乡之情。

与唐朝历史上李白、杜甫等许多壮志未酬、一生抑郁的诗人不同。

贺知章仕途顺遂，肆意潇洒。不管是在官场还是酒场，都做到了人生的极致。

看似是运气使然，实则是在名利场中，他始终保持着清醒的头脑，理智的判断，进退有度。

努力工作的同时更懂得享受生活，凭着他满腔狂爽，不拘小节，交友无数。

不为名利所困，不为凡俗所扰，一生有知己、美酒相伴，可谓逍遥。

由上可知，当今社会要想成为一个 KOL，必当有得了才，守得住心，喝得下酒，交得上友。

不过这超高指数的情商可不是人人都能修炼成的。

大隐隐于朝，贺知章做到了。

陈子昂：我们的征途是星辰大海

文 / 九公子的浪

公元696年，37岁的陈子昂上交了自己的制服、肩章和领花，随后离开军营。

这个部队里最咋呼、最爱提意见的人，不见了。

他刚刚因为提议分兵一万上阵杀敌，而被贬为军曹。

军曹是什么？一个不恰当的比喻，弼马温。

陈子昂一言不发，独自登上幽州台，他的脚步一步比一步沉重。

这个以为自己处在人生至暗时刻的小小军曹，实际即将迎来真正意义上的高光时刻。

那时的他肯定不知道，一首让他名垂千古的诗即将诞生。

山中万物仿佛都屏住了呼吸，终于等来了他诗跃笔下的那一刻：

前不见古人，后不见来者。

念天地之悠悠，独怆然而涕下。

就业难，就业难，多炒作，今安在？

都说“出名要趁早”，唐朝的诗人一个比一个出名早。

李白五岁诵六甲，王勃六岁能作文，李贺七岁擅疾书，骆宾王八岁写出《鹅》，杨炯十岁称神童。

童年时的陈子昂在干吗呢？斗鸡、打架、扶贫、路见不平吼一吼，活到十七八岁仍然“未知书”。

要不是后来打架斗殴闹出人命，也不可能幡然悔悟，弃武从文。

这也是为什么陈子昂明明和王勃、宋之问身处同一时期，却总给我们出名晚的感觉。

喂！人家只是起步晚，读起书来也是很聪明的。

他是四川人，家乡在遂宁射洪县，那个地方至今还留着他的读书台。就在这个读书台上，晚起步的陈子昂涉猎经史百家，研习安邦治国之良术。

每每学到有所悟有所省，陈子昂必小酌几杯以慰。当时的四川重碧酒闻名遐迩，陈子昂必定品尝过。

21岁那年，小有所成的陈子昂毅然离乡背井，入长安太学深造。

长安可没那么好待，眼瞧跃龙门的“后浪”一批又一批，就业难怎么办？

酒香也怕巷子深，还要会“炒作”。

一日，他在城中闲逛，恰巧有人在街头出售胡琴，竟然要价一百万钱。

陈子昂心想机会来了，果断将胡琴买回家中并四处宣扬，称自己精通胡琴，并邀约众人，次日来府邸为大家现场演奏。

一掷千金买把胡琴，自然轰动京师。

次日，陈子昂的府邸名流云集，正当众人翘首以待时，陈子昂腾地站起，举起那把琴，奋力一掷。

“我陈子昂创作了大量的诗文，在京城居住了这么长时间无人理睬，这种乐器乃低贱乐工所用，岂配我弹！”

众人目瞪口呆之时，陈子昂已将诗作分赠给大家。回神之后，众人仔细阅读他的诗文，竟觉高端大气。

结果可想而知，“会既散，一日之内，声华溢都”。

英雄的征途在星辰大海

豪族出身，又有经济实力，致使陈子昂任侠使气、狂放恣意。

他身上有种与生俱来的豪侠之气，看看“剑”在他的诗歌里出现次数之频繁就知道了。

唐代两千二百多诗人，陈子昂是其中最有侠客风范的人之一。

一开始他也是被武则天赏识的，他以为自己遇到了明君，遇到了知己。他给武则天上位造舆论，写《神凤颂》，写《上大周受命颂表》，热烈拥护武则天当领袖。

眼看仕途就将进入快车道，陈子昂却偏偏驶入三岔口。

弯腰递话筒的人，非要直起腰板抢话筒。

他不顾自己的锦绣前程，对当时种种苛政弊端批判直陈，“言多切直”，当时种种终于触及龙鳞，令武则天颇为反感，被嫌弃、整肃，还坐了牢。

好不容易放出来了，恰逢公元696年，契丹在营州发动叛乱，一路攻城陷地，焚杀掳掠，直逼幽州。

陈子昂决定提剑塞上，早年弃武从文的他又弃文从武。

本为贵公子，平生实爱才。

感时思报国，拔剑起蒿莱。

唐朝诗人中“上马击狂胡，下马草军书”的文武全才，恐怕只有之后的高適能与之一较高下。

但他并不像高適那样能沉住气，陈子昂最终惹怒了直属领导武攸宜。武攸宜向来只重视武力，轻视书生，对陈子昂的建议嗤之以鼻，“你一个书生，带个什么兵！”

37 岁的年纪在当时已算人到中年，之前牢狱之灾带给陈子昂的体弱多病，以及繁重工作的力不从心，加之架空职位的紧张焦虑，陈子昂真切感觉到职场上的“中年危机”。

英雄的胸怀不在俯仰之间，而在于星辰大海。报国情切，岂能苟图生死敷衍应付？

于是不顾武攸宜反感，陈子昂还是一次次直言不讳。

他自请带领万人为前驱组成一支“敢死队”，却遭贬为军曹，成为压死骆驼的最后一根稻草。

陈子昂纵有以身殉国之志，却无报国赴死之门。

一壶酒，泪两行。

陈子昂登临幽州台，凭着酒醉，不少清醒时自戒不能、被压抑的情感汹涌而出。

今天，自己，陈子昂，也登上了这座举世闻名的幽州台，却不见建台招贤的燕昭王姬职。

前不见古人，后不见来者。

自己空有强军御敌、守境安民的韬略，独登此台，无人知音！

他还是那么狂傲。

罢了，陈子昂终于做出了最后抉择，军罢还朝后，寂然归隐。

粉丝的咖位足以组天团

在他去世很多年之后，有一个粉丝跋山涉水来到了陈子昂的家乡四川。

这位粉丝的四川行一是为喝上闻名遐迩的重碧酒，并在这里留下了“重碧拈春酒，轻红擘荔枝”的妙句；二是怀着崇敬之情来到偶像的读书台，亲手抚摸了读书台的青苔。

他慕名而来，走访了偶像的故居，凝视着陈旧的砖石、斑驳的墙壁，久久不愿离去。

这个粉丝叫杜甫。

在这番游览之后，杜甫为偶像写下了这样的诗句：

有才继骚雅，哲匠不比肩。

公生扬马后，名与日月悬。

巧的是，陈子昂死后的那一年，唐诗的另一位狂人李白出生了。

上天可能是怕李白的狂傲过于突兀，让陈子昂先开启唐诗狂傲的前奏。

李白也是陈子昂的粉丝，他携盛唐气象登上文坛，仰视前贤，发现如此得风气之先的人物，力挽颓波，雅合诗道，怎能不倾心追慕！

李白《赠僧行融》云：“梁有汤惠休，常从鲍照游。峨眉史怀一，独映陈公出。卓绝二道人，结交凤与麟。”并隐隐以鲍照、陈子昂之绍续自居。

对于陈子昂来说，武则天是不是看重他，武攸宜是不是欣赏他，一点都不重要了。

因为李白、杜甫敬仰他，元稹、白居易欣赏他，韩愈、柳宗元等皆对陈子昂追念有加。

陈子昂是成熟的，也是天真的。他的成熟不是为了走向复杂，而是为了抵达天真；他的天真，不是因为没有见过世界的黑暗，恰恰因为见到过，才知道天真的好。

他，永远，念天地之悠悠，引领着彼时的诗文，汇入璀璨唐诗的星空。

张若虚：这句话我比范闲更有资格说

文 / 九公子的浪

“我就写一首诗，你们随便写，多少首都行，只要能比我这首好，算我输！”

《庆余年》主人公范闲诗会上说的这句话，其实有个人更有资格讲，这个人就是——张若虚，他一首“孤篇压全唐”《春江花月夜》，范闲也确实只敢称好。

崔颢不服，带上《黄鹤楼》去 battle。

“黄鹤一去不复返，白云千载空悠悠”vs“白云一片去悠悠，青枫浦上不胜愁”。

张若虚胜。

张九龄也不服，带上《望月怀远》也去会了会。

“海上生明月，天涯共此时”vs“春江潮水连海平，海上明月共潮生”。

张九龄似乎还是差了那么一点。

李白坐不住了，我可是诗仙，抄起《把酒问月》就走。

“青天有月来几时，我今停杯一问之”vs“江畔何人初见月？江月何年初照人？”

李白被KO。

能读到《春江花月夜》，你可知有多幸运

公元618年，唐朝始建。

不过可不是从李渊长安称帝那天的零时零分，产生的诗就被叫唐诗的。

那时流行奢靡的宫体诗，为了形成唐诗独有的风韵，唐太宗努力过，“初唐四杰”也努力过。

如今，史学界更愿意把《春江花月夜》作为唐诗形成的开端。

你可知，能读到这首开端即巅峰的《春江花月夜》有多幸运？

明朝的一个夜晚，一位年过半百的举人——胡应麟正在编撰他的那本《诗薮》。当时他正赋闲在家，意图搜罗有史以来的诗歌珍品，编写历代诗选。

尽管诗歌搜集已接近尾声，可是他还是不甚满意，总觉得缺了几首可以称绝的极品诗。

他还不想睡，打开了刚得的宋人郭茂倩撰写的《乐府诗集》。

突然他眼前一亮，一首他从未见过的唐诗跳进眼眸。

“春江潮水连海平，海上明月共潮生。”刚念完第一句，他就坐不住了，从藤椅上一跃而起。

当他吟到“江畔何人初见月？江月何年初照人？人生代代无穷已，江月年年望相似”时，更是激动得浑身颤抖。

“我终于找到了！有了这首《春江花月夜》，我的《诗薮》可以完美收官了。”

心情平复以后，胡应麟恭敬地把《春江花月夜》抄录到《诗薮》中。

此时，离《春江花月夜》的诞生，已经过去了 900 年。

在这 900 年里，《春江花月夜》连同它的作者张若虚一直沉睡在黑暗里，等待光芒重现。

胡应麟的《诗薮》和郭茂倩的《乐府诗集》完成了这首天才之作的传承接力，只差了一点点，它就真的失传了。

《春江花月夜》被闻一多先生誉为“诗中的诗，顶峰上的顶峰”，连带着张若虚，也因这一首诗，“孤篇横绝，竟为大家”。

张若虚能写出“压全唐”的大作，想必其他作品也不差。

然而，张大才子到今天留下来了多少诗呢？一百首？八十首？

答案很令人震惊——只有两首。

不过张若虚的遭遇，不是一个人。

写《登鹳雀楼》的王之涣只有六首诗留下来。

李白留下来诗只占创作总量的大概 1/10。

再说杜甫，40 岁之前的诗几乎全部失传，只留下了 1400 多首诗。

1000 多年里，也不知道有多少首《春江花月夜》被淹没失传……

从此扬州的月亮变得不同

由于这首伟大的唐诗差点失传，他的作者也差点被埋没。

如今，我们只知道张若虚生于大唐开元年间的扬州境内，我们靠着想象试图接近他的生平——

开元盛世的好时代，又生活在“江左名都、竹西佳处”的扬州，不用想也知道，张若虚的少年时代很是幸福。

国家一天天地强盛，张若虚一天天地长大。

他凭借着过人的才华，赢得了人们的尊重，交到了一批朋友。

贺知章、张旭、包融都和他关系不错，他们一起写诗、喝酒、

作文，并称“吴中四士”。

成年之后，张若虚以才华横溢名扬于京城，但他既没有像贺知章一样做了朝中大官，也没有像张旭一样立刻声名鹊起。

张若虚只当过“兖州兵曹”，是个不起眼的小官。

这种才高位卑的内心焦虑与矛盾是需要排遣的，缺少信仰支撑的漂泊灵魂也需要找到安息之所。

官场失意的诗人携一壶重碧酒回到了家乡扬州。

盛唐时期，长江水运极为发达，有李白诗歌为证：“两岸猿声啼不住，轻舟已过万重山。”在顺江而下的轻舟之中，酒坛自是少不了的。来自长江上游戎州的重碧酒，在十里烟花的扬州，堪称珍品。

一天春夜，他独步长江之畔。

开元盛世倒映在江水里，花在春风里旖旎。

江水依旧东去，诗人对月独酌，天地之间五个最美意象跃然眼帘：

春，江，花，月，夜。

诗人临流把酒，衣袂翩然，对月吟唱，然后蓦然成诗：

春江潮水连海平，海上明月共潮生。
滟滟随波千万里，何处春江无月明。
江流宛转绕芳甸，月照花林皆似霰。
空里流霜不觉飞，汀上白沙看不见。

你以为这样就完了吗？并没有。

他以生命丈量无尽的时间，发出一句天问：

江畔何人初见月？江月何年初照人？

岁月漫长无际，于青史却不过寥寥几笔，细想无非是浮沉起落，他洞穿了时间的本质：

人生代代无穷已，江月年年望相似。潮起潮落，花谢花开，唯有月亮不变。而一首《春江花月夜》，却让扬州的月亮从此不同。

酒是诗人的 Buff

贺知章、张旭都是嗜酒如狂的人，张若虚既与他们齐名，想必也是好酒量。

为什么诗人作诗前总爱喝酒？

东汉末年的曹操就曾说过“对酒当歌”，李白也是“斗酒诗百篇”。

可见文人喝酒写诗是有历史渊源的，酒是诗人的 Buff。

诗酒之外，他们要面对真实的人生；诗酒之中，才可以把酒揽月，杯酒慰风尘。

为了打捞诗意，诗人围炉煮酒，野渡舟横；过山过水，看看风流缱绻，诗酒流连。有长啸，有浅酌，有悲伤，有欢喜。

一壶酒，几行诗，沧海桑田就在手中款款摇曳。

不管怎样，唐诗是美轮美奂的。带着浓浓的酒香，在云月之下，在山水之间，甚至是市井人家、天涯古道，多情地招摇着。

不知你是否也嗅到了唐诗中，那清远缥缈却历久弥新的酒味。

从唐朝重碧酒，穿越时光，一路飘洒到五粮醇香。极致工艺酿造的世界名酒五粮液，从那时传承至今，历经岁月洗礼，愈加香浓。

Tips • 僰姑或是中国酿酒第一人

传说，大禹为治理僰地（今宜宾）三江口的洪水，操劳过度，吃不下饭。负责大禹膳食的仪狄十分着急，找来本地僰姑想办法。僰姑做出各色美食，但禹始终没有胃口。偶然间，僰姑发现数日前制作的竹筒糯米饭中飘出了香气，并有发酵的汁液溢出，她好奇地尝了尝，发现味道香醇。僰姑赶紧让大禹饮用，大禹被这香甜醇浓的味道吸引，饮后顿觉精力充沛，体力逐渐恢复。现在，在宜宾市南门桥北桥头和五粮液酒圣山上，都能看到风姿绰约、栩栩如生的少女僰姑雕像。

从王维到李子柒，让田园牧歌不再遥远

文 / 九公子的琴

竹林里挖笋、麦田里割麦子、摘水果酿美酒、采鲜花做胭脂，这位红衣女子总是在不停地忙活。

本姑娘就是勤快，爱干活，还可能是真吃货！

忙完了一切，收拾利索，总会坐下来和奶奶吃会儿饭。

这不跟我们许多人一样吗？工作一天忙个不停，回到家才能休息片刻。

只不过，她的生活像极了一幅画卷，如此亲切自然，明白简易，穿梭在瓜果田园间，过着我们不敢过却向往的生活。

四川姑娘李子柒红了，人们也忆起了王维式田园牧歌的生活。

酒之豪情　藏有品格

王维，字摩诘，曾是风流少年，文采出众，世人称“诗佛”。

时间回到公元 701 年，这是一个伟大的年份，因为这一年，诞生了李白和王维。

唐朝，一个千载风流、文采耀目的世界。

那些最伟大的诗人一闪而过，宛如近在眼前，李白、杜甫、王维、白居易、李商隐……

在大火的《庆余年》中，范闲斗酒诗百篇，疯狂输出唐诗，这一段剧情全网走红。

范闲背的诗中，其中有一首《送元二使安西》，就是唐朝诗人王维所作。

唐开元、天宝年间，正是鼎盛时期，国力强大，经济繁荣，文化昌明。

盛唐时期，无论是武士还是文人都有一腔豪气。

好酒是诗词的催化剂。李白写诗喜酒，“天若不爱酒，酒星不在天。地若不爱酒，地应无酒泉”。战士出征前要饮酒，王翰写道：“葡萄美酒夜光杯，欲饮琵琶马上催。”有心事更需要有酒做伴，高適有“功名万里外，心事一杯中”。

酒是中华文化的一张名片，是千年情谊的输出途径。李子柒所在的四川，自古以来酿酒业发达，白酒文化源远流长，世界名酒五粮液便诞生于四川省宜宾市。

从商周时期僰人酿制了窖酒、三国时期用野生小红果酿制的果酒，到了唐代，半生颠沛的大诗人杜甫来到戎州，尝到了当地名酒“重碧酒”，作诗赞叹：“胜绝惊身老，情忘发兴奇。座从歌伎密，乐任主人为。重碧拈春酒，轻红擘荔枝。”

当时重碧酒本已居于百酒之上。诗酒相传，更使它名声远播。杜甫去后，重碧酒便被戎州官府定为名酒——“郡酿”。

此后千年，由宋代姚子雪曲、明清杂粮酒，再到 1909 年正式得名五粮液，在千年的传承与创新中，五粮液融汇了中华传统文化的精髓，形成了独特的工艺技法、工匠精神、哲学追求与美学韵味，积淀了丰富深厚的文化内涵，使诗香充满酒意，酒香浸润诗情。

如今，五粮液已历经八代更迭，形成“香气悠久、味醇厚、入口甘美、入喉净爽、各味谐调、恰到好处、酒味全面”的独特风格。这样的绝妙滋味，只可惜唐代诗人“生不逢时”，无福享受。

但即便如此，酒也还是唐代诗人不可或缺的“精神食粮”。

若没有酒，唐诗或许将变得索然无味。

这对于王维也不例外。王维早年有诗：

新丰美酒斗十千，咸阳游侠多少年。

相逢意气为君饮，系马高楼垂柳边。

父亲早逝，他从小就挑起重担，下有弟弟，上有老母。王维 15 岁离家游学长安，开始寻求仕进之路。

少年游侠，邂逅陌路人，杯酒之间就成为知己，豪饮酣醉，显英雄气概。

前人评价，杜甫为诗圣，李白为诗仙，王维为诗佛，又说杜甫为地才，李白为天才，王维是人才。

这三人之中，王维成名最早，他的人生充满浪漫情调。

王维爷爷是一个大音乐家，王维也特别喜欢音乐，还是琵琶行家。曾有一个传言，他在某人的府邸见到一幅音乐演奏图，竟能一眼看出演奏的曲目。

出道之时，王维也是抱着一把琴，得岐王举荐，结交公主，扬名于庙堂之高。

亦官亦隐　人间处方

王维一生起起落落，少年得志，可是也因为工作失误被贬官。想归隐，却有负担。

有人说造化弄人，王维好友孟浩然归隐田园，却一生想做官；王维很长时间都在做官，却心中渴望田园。

有一种人总是能恰如其分地在理想和现实中找到一种平衡。

40 多岁时，王维在长安东南的蓝田县辋川搭建别墅，开始过着半官半隐的生活。

辋川隶属陕西省西安市，位于秦岭山脉终南山下。

这里山谷有几条小河，像车轮的辐条通向圆心，呈现“辋”状，古人称之为“辋川”。终南山是道教的圣地，历来都是文人名士隐居的乐园。除了王维，老子、陶渊明、孙思邈都在终南山隐居过。

王维终于找到了自己的“田园牧歌”。

一草一木是心音，山水不负买醉人。王维这个家，里面有山林、湖泊、溪流，可以居住，还能游玩、养鱼、砍柴、放牧，干点副业。

王维生活从简，经常吃蔬菜，不吃荤，不穿华美的衣服。

隐居岁月，是王维创作高峰期，后来他自己专门整理了《辋川集》。

“明月松间照，清泉石上流”“涧户寂无人，纷纷开且落”“月出惊山鸟，时鸣春涧中”……优美静谧的自然环境，虫鸟嬉戏，花果飘香，同时也可作为生计。

李子柒的生活不正是还原了王维诗中的意境吗？只不过更多了一份人间烟火气息。

李子柒的田园牧歌再现了川南地区良好的生态环境，也直接回答了“天下名酒出四川”之谜。川南地区位于青藏高原向四川盆地过渡的区域，山水交错，薄雾轻拢，四时恒温，生态气候极佳，被联合国教科文及粮农组织誉为“在地球同纬度上最适合酿造优质纯正蒸馏白酒的地区”。这里四季分明，和风暖阳，金沙江、岷江、长江在此叠波成流，交汇激荡。丰沛的雨露甘霖，适宜的光热水土，让这里成为美酒五粮液孕育的天堂，也成为中国白酒黄金三角产区。以五粮液为引领，打造了世界级白酒产业集群。

文质彬彬 不染万境

《旧唐书》载：“维开元九年进士擢第。”

自此，王维正式开启官宦生涯，直至肃宗上元二年（761 年）去世。

40 年间，王维宦海沉浮，佳作迭出。

在“安史之乱”期间，王维有过短暂的乱离生活，后来又归于平静。

叛军安禄山攻破两京，玄宗西逃，王维当时本也想跟着皇帝走。

不幸的是他落到了贼军手中。王维当时官并不大，可是因为他名气很大，安禄山利用这一点，把他押走了，关在洛阳，逼他做官。

这对于王维可以说是一场惊天之变，因为他做的是“伪官”。意味着名不正言不顺，这对一个有地位有思想的知识分子来说，算是一段人生的黑历史了。

被强迫的事情，谁也不愿意干。王维就吃药装病，虐待自己；装病行不通就装哑巴，装哑巴也行不通。安禄山把他关起来，一定要让他做官。

《旧唐书》记载了这一段往事，“禄山陷两京，玄宗出幸，维扈从不及，为贼所得。维服药取痢伪称瘖病。禄山素怜之，遣人迎置洛阳，拘于普施寺，迫以伪署”。

战乱平息以后，按照当时的规定，叛军应被斩。

恰好因为在安禄山当上大燕皇帝的时候，得意忘形，歌舞升平。大宴凝碧池，陈列珠宝，让梨园旧人表演。那时王维心情抑郁，小伙伴裴迪来看他，向他讲述了安禄山在凝碧池上饮宴奏乐的情景，王维听后写了一首《凝碧诗》——

万户伤心生野烟，百官何日再朝天？
秋槐叶落深宫里，凝碧池头奏管弦。

也是这首诗，救了他自己。

诗中王维表达了自己的悲伤和思念朝廷的情感。此外王维弟弟平叛有功，也让王维更加得到了宽宥。

后来的王维依然参朝为官，历任太子中庶子、中书舍人、给事中、尚书右丞，官职步步高升。不过他心中还想念那片田园。

除了终南山别墅外，他又在陕西省蓝田县买下了当年宋之问的山水别墅，修建竹洲花坞。

妻子去世后他不再娶，三十年独居一室，屏除尘世之累。每日与友人浮舟往来，写诗，惬意生活。

就像他的诗中写的一样：

下马饮君酒，问君何所之？

君言不得意，归卧南山陲。

公元761年，王维离世。但去莫复问，白云无尽时。

1000多年后，巴蜀李家女子子柒，她以仙子般的优雅干农活，演绎“王维田园式生活”，让我们对王维有了更多感性的了解。在四川这片景色宜人的沃土，田园酒事，五粮牧歌，潇洒肆意。

在李子柒生活的四川，如今又出现了一位“网红”藏族小伙丁真。丁真的故乡，是四川省甘孜州理塘县，这个县是五粮液对口扶贫单位。自2018年五粮液对口帮扶理塘县以来，构筑了可持续的扶贫产品营销体系，“以购代捐”理塘县扶贫产品1900万元，实现村集体经济增收1000余万元，农牧民群众分红近200万元，推动了当地藏香菇、藏木耳等高原“极地果蔬”种植和牦牛养殖等特色产业良好快速发展，诠释龙头酒企肩负的社会责任。

“临风听暮蝉，心头无别事。”纷繁人世间，能有这样的轻松惬意，也是一种别样的幸福吧！

“官迷”李白：盛唐举我成诗仙

文 / 九公子の星野

李白 @ 陈凯歌：来，和你说说我长啥样。气质，关键是气质哈，“以天为容，以道为貌”。

身不满七尺，双目灵动，炯炯神采，眉上扬，眼出彩，腰扎玉带，风扬白衣，神采飞扬，风流酝藉。

下次拍片，记得 @ 我，真人秀也 OK。

人生低谷　挫而不馁

55 岁的李白正在游历皖南时，胖胖的安禄山带着半秃的史思明冲进了长安城，拉开了“安史之乱”的序幕。

站队开始，诗人们的命运也因站队滑向不同轨迹。

边塞诗人高適站唐玄宗队，后来官越做越大，掌管广陵十二郡总体军政事务。

杜甫、王维站太子李亨队，中途被叛军抓捕扣在长安，成了狱友。

杜甫因官小，不怎么出名，成功越狱，后来被封左拾遗。王维被重点看管，不得已投了伪军。

隆冬，傲雪凌霜。

携妻宗夫人南逃，隐居庐山屏风叠的李白，家门被玄宗第十六子永王李璘三次叩响。

永王遣使“三顾屏风叠”，让李白产生了自己是诸葛再世的错觉，下山站了永王李璘队。

当时，同在永王驻军地域的名士萧颖士、刘晏、孔子第三十七代孙孔巢父也都曾被永王所邀，但均拒不受邀。

李白入幕后，永王李璘和他爹唐玄宗一样，只是让他写诗，而不是做谋士。

加入永王幕僚仅两个多月，李白拿出来的是“但用东山谢安石，为君谈笑静胡沙”之类的11首《永王东巡歌》，而不是像《隆中对》那样的战略方策。

他只顾跟着军队走，自以为是在夺取幽燕之州，收复两京，连军队高层的政治意图都没搞清楚。

历史证明，正如高適当初给太子李亨分析的那样，“永王必败”。

永王只有五千甲兵，而高適手里有12个郡的兵马。

兵败后，永王的谋士们逃散的逃散，杀死的杀死，流放的流放。

李白逃亡后，被捕入浔阳狱。

春草青青，草长莺飞。

在重囚牢里的李白，千愁万斛。

他说，只看到冰冷如插满了荆棘的墙面，苍鹰搏击一样凶狠对待别人的狱吏，他流的眼泪把脚底的泥土都浸湿了，愁怨又愁怨，就算是举杯，看到的都是盛着自己的血和泪。

“金瑟玉壶，尽为愁媒。举酒太息，泣血盈杯。”

狱外，宗夫人从豫章（今南昌）赶到浔阳，翻越高峻入云、崎岖盘结的吴章岭，捧着申诉书，四处奔走为他申冤。

说来巧，李白的两任妻子都是唐朝宰相的孙女。

宗夫人，是宰相宗楚客的孙女。原配许氏，是宰相许圉师的孙女。李白与许夫人育有一子一女。

在他狂热的逐仕路上，娶相门之后似乎是标配。

据说他还都是入赘。在唐朝，连女人都能当皇帝，李白倒插门两次，也没什么了。

作为浪漫主义首席代表，李白很少写自己的爱情，对父母子女的亲情也提及不多，这让人百思不得其解。

或许在他过官瘾时，亲情不是他留恋的。

话说李白在狱中，处境正如驴友杜甫《不见》里写的那样：“不见李生久，佯狂真可哀，世人皆欲杀，吾意独怜才。”

在全国各地刷脸吃饭、搞“粉丝经济”的李白，此刻四处写信求救，可朋友圈一片寂静。

抓他的正是曾经同吃、同住、同游梁宋的好友高適的下属。他写信给高適，高適选择了沉默。

他怎么也想不到，危难时刻，救他的是一些平日里不相熟的人。

一个是郭子仪，时任天下兵马副元帅。

郭子仪主动为李白说情，愿意用自己的官职换李白性命。因为郭子仪年幼当兵时犯了法，是李白向主事的人说了好话才免受惩罚。

一个是李白案子的主审官宋若思，时任御史中丞（现在的检察官）。在他的帮助下，李白得以释放，还在他府里担任幕僚，负责文字工作。

“安史之乱”，朝廷收复了长安和洛阳后，进行了一次清算，把罪分为几等：弃市（砍头）、赐死、重杖、流放、贬官等。

王维是被迫成伪军，被贬官，李白被判长流夜郎（今贵州桐梓）。

流放途中，58岁的李白在船上度过了15个月。到重庆白帝城时接到特赦令，惊喜交加，快意释然，挥就名篇《早发白帝城》：

朝辞白帝彩云间，千里江陵一日还。

两岸猿声啼不住，轻舟已过万重山。

入狱算什么？流放算什么？再多的愁苦转眼消散，逐仕之梦，激情永在。

“安史之乱”还未结束，已经61岁的李白写了一首题目很长的诗《闻李太尉大举秦兵百万出征东南懦夫请缨冀申一割之用半道病还留别金陵崔侍御十九韵》，“拂剑照严霜，雕戈鬘胡缨。愿雪会稽耻，将期报恩荣。半道谢病还，无因东南征”。

听说战功第一的李光弼要用兵东南，他请缨参加军队，壮志凌云，觉得自己依然可以报效国家。不幸的是，在半道上病了，无奈折返。

他是鲲鹏，他的人生永远可以重新开始。

高光时刻　宠而不溺

1000多年来，有关李白故里的研究至今没有定论，一说祖籍为甘肃天水，一说出生于碎叶城（今吉尔吉斯斯坦境内），也有说是四川江油的，此为主说。

《新唐书》说，李白是西凉太祖李暠的九世孙，属李唐宗室，因先祖获罪流放，始终不敢明示家谱。

范传正《唐左拾遗翰林学士李公新墓碑并序》记载，“父客，以逋其邑，遂以客为名”。他父亲的本名已佚，称客者，表明外来客的身份，一生从商，从未涉政。

家庭背景可能是李白一生逐仕，却没参加科考的一个重要原因——政审可能过不了。

唐朝律法规定，“凡官人身及同居大功已上亲，自执工商，家专其业，皆不得入仕”。家里是经商的，没有资格参加公务员考试。

于是他找了另一条路：干谒。

从15岁开始便推销自己，写自荐信。

他的自荐信也很特立独行，他给安州长史（相当于副县长）的自荐信还略带威胁。

“若赫然作威，加以大怒，不许门下，遂之长途，白既膝行于前，再拜而去”，意思是说，我前面说了这么多，你要是还耀武扬威的，不把我当回事，我就像大鹏鸟一样展翅高飞去长安，永远不和你见面。

李白还是个商人，贩卖铜铅等矿石，他的许多诗反映了这一点，“我爱铜官乐，千年未拟还”“提携采铜客，结荷水边沐”。

一边经商、一边旅游、一边修仙，但终极目标依旧是——当官。

他最铁的道友元丹丘还为他牵过线搭过桥。

元丹丘修道，认识了玄宗最爱的妹妹、出家修道的玉真公主，于是便把李白推荐给了玉真公主。

想当年，王维也是靠玉真公主才入玄宗视野滴。

此路大有可为啊！

不过，李白还有另一个杀手锏，就是非常欣赏他的太子宾客贺知章。

秋阳杲杲，金风送爽，42岁的李白从蜀至京师。

贺知章听说了，去拜访他，一见面就夸他长得帅，当众读了他从衣袖中拿出来的诗文。

一篇《蜀道难》还未读完，连连四声赞叹："子谪仙人也！"说他是被贬下凡的仙人。

两个人都喜欢喝酒，更加投缘了，相见恨晚。经常聚在一处，共饮来自李白老家巴蜀之地的特色美酒。

诗论著作《本事诗》记载，"解金龟换酒，与倾尽醉，期不间日，由是声益光赫"。贺知章和李白喝酒，没带够钱，就把随身佩戴的御赐金龟解下作酒钱，两人尽兴大醉，这就是著名的"金龟换酒"。

在贺知章的引荐下，唐玄宗召见李白，给了他有史以来诗人的最高礼遇。

玄宗"降辇步迎"，让他坐在七宝床上，亲自给他调八宝莲子汁，说："你是个老百姓，却连我都知道你的名字，都是你平时道德品行高尚，诗歌写得好，我们俩今天才能坐到一起呢！"

42 岁，翰林待诏。

国色牡丹，姹紫嫣红。

贵妃倾国，玄宗风流，诗人风雅。

云想衣裳花想容，春风拂槛露华浓。

若非群玉山头见，会向瑶台月下逢。

……

然而，李白渐渐发现，翰林待诏是一个陪皇上散心、诗文娱乐的虚职，而不是他想的有政治前途的实职。

他开始消极怠工，玄宗找他，总是找不到，找到了也是醉醺醺的。

玄宗“恐其言温室树”。意思是说，他老待在宫里，总是这样醉醺醺的，宫里的事，就怕他不知哪天给说出去了。

相处两难，那就相忘于江湖吧。

于是，一个写了辞职信，一个赐金放还。

醉卧长安街，迷离间李白回想当初玄宗初见他时，想到这，咕噜咕噜，几口愁酒下肚，“我意化鲲鹏，岂当笼中金丝雀”。

在长安城醉了 3 年，突然，他想走了。

转身，高唱“长风破浪会有时，直挂云帆济沧海”。

和驴友杜甫、高適醉酒游大梁去了。

星辰是你　鲲鹏也是你

抛开人生的高光和低谷，那个肆意洒脱的逸人李白来了。

李白10岁通诗书，25岁前曾漫游巴蜀，他是诗仙，更是酒仙。这与他的家乡四川有莫大的关系。四川人杰地灵，农业兴盛，酒业也十分发达。李白长期生活在长江边上，其思想、创作、生活习性、豪爽酒风深受巴蜀文化影响。

当年李白从“万里长江第一城”宜宾市出川，身负酒仙“斗十千”的名声，千杯不倒。不过很有可能是因为他喝的是当地酒坊用四种粮食酿制的一种度数并不高的春酒，才能成此威名。

后来这酒因杜甫名句“重碧拈春酒，轻红擘荔枝”更名“重碧酒”。1000多年后，晚清举人杨惠泉为其取了个雅俗共赏的名字“五粮液”。

“千年老窖万年糟。”如今的五粮液，拥有窖池3.2万余口，最老的明初古窖池从1368年连续生产至今，已有654年。其“古窖泥”是国家博物馆永久收藏的唯一一件“活国宝”。

李白一生，逐仕激情永在，永远活在对理想的执着和自信当中，永远有——

“天生我材必有用，千金散尽还复来”的自信；

“安能摧眉折腰事权贵，使我不得开心颜”的骨气；

“五花马，千金裘，呼儿将出换美酒”的豪情。

他永远热爱山河大海、星辰四季，在天风海雨、樽中月影中，遗世独立。

仲春时节，桑叶繁茂，春草碧丝，他问春风“何事入罗帏？”满园蝴蝶翩飞，他问“春风尔来为阿谁？”

夏日酷暑，他放浪形骸，袒胸露顶行走于夏日山中。在江边骑着紫骝，任马儿嘶鸣惊花，花落，他眼中只见“笑隔荷花共人语”的江中采莲女，人面荷花相映红。

秋夜月寒惊醒了鸦，风漫无序，把落叶卷得时聚时散，最是这样惹人相思的季节，他说——

秋风清，秋月明，

落叶聚还散，寒鸦栖复惊。

相思相见知何日？此时此夜难为情！

大雪满原，一派洁白，他说冬天的雪花像手掌那么大，他却踏雪游猎、雪夜纵酒，因为他又说“雪花酒上灭，顿觉夜寒无”。

仗剑天涯。峨眉山青苍绵邈，紫霞袅绕。他在山顶吹箫抚琴，远绝尘嚣，顿入清境，他说“果得锦囊术”，修仙正好。

船出三峡，他随行舟望去，长江广阔无边拉开了视野，三峡两岸景随舟行，意境高远辽阔，生活在蜀中，初次看见大平原的他激动万分，写下“山随平野尽，江入大荒流。月下飞天镜，云生结海楼”。

游洞庭，南穷苍梧。奇峰秀木的皖公山让他倾心，当即对山许约“投迹归此地”，等我丹药炼成，我将在此地归隐，陪你，永远陪你！

初出巴蜀望天门山，他自一片孤帆从日出的天边而来，他说楚江冲开了天门山，山立两岸，巍峨衬渺茫，游侠天边来。

他见黄河自天而降，一泻千里，东走大海，自信“天生我材必有用”，必当“今朝有酒今朝醉”，呼友“会须一饮三百杯”，“将进酒，杯莫停”！

余光中说，“凡你醉处，你说过，皆非他乡”。

而我，只愿再见你时“会须一饮三百杯”！

因你说过，“浮生若梦，为欢几何”？

Tips • **宜宾东楼街因诗圣杜甫而得名**

公元765年6月，杜甫来到了戎州（今四川省宜宾市），戎州刺史在城东北的东楼宴请他。杜甫即席吟诗《宴戎州杨使君东楼》：“胜绝惊身老，情忘发兴奇。座从歌伎密，乐任主人为。重碧拈春酒，轻红擘荔枝。楼高欲愁思，横笛未休吹。”

明代曹学佺《蜀中名胜记》有宜宾东楼为杜甫饮重碧酒处的记载。清代康熙年间《叙州府志》记载的“东楼：在治东北”即指此处。东楼屡经兵燹，历朝多次重建更名。后人取意杜甫《宴戎州杨使君东楼》诗，将东连拱星街、西接刘臣街的街道命名为东楼街。

杜甫：我本“高富帅”，成为“诗圣”纯属意外

文 / 九公子の桐

最近一段时间，随着《清平乐》的热播，欧阳修、晏殊、范仲淹等“背诵全文天团”成员陆续出场，让大家回忆起那些年被语文课本上“背诵并默写全文”所支配的恐惧。

其实，背诵全文不可怕，背不下来才可怕。有这样一位早期“入团”的成员，从小学到高中，一直占据着语文课本，用他沉郁顿挫的诗句杀死了一代又一代人的脑细胞。

这个成员大家非常熟悉，他就是杜甫！

提起杜甫，很多人的印象一定是穷困潦倒、吃不饱穿不暖，不是风雨天屋顶茅草被风刮跑，就是冒着大雪跑出去找山芋充饥。

一句话，苦出身，老爷子不容易！

如果你这样想，真的是被语文课本骗了很多年。

我本“高富帅”

比起李白扑朔迷离的身世，杜甫可谓家学渊源。

远祖为汉武帝时期有名的酷吏杜周，十三世祖为晋代大学者、名将杜预，祖父是初唐著名诗人杜审言，祖父与父亲均在朝为官。母亲所在的崔家也是可与皇族李家并肩的大家族。

放在现代，杜甫妥妥的“官三代”“高富帅”啊！

优渥的家世让杜甫从小便接受极好的文化艺术熏陶。

五六岁时，在河南郾城，看过舞蹈家公孙大娘的《剑器浑脱舞》；

七岁，作出了人生第一首咏凤凰的诗歌；

在洛阳尚善坊的岐王李范宅里，在遵化里的玄宗宠臣崔涤堂前，他听过唐玄宗御用歌手李龟年的演唱；

在洛阳北邙山顶的玄元皇帝庙，欣赏过画圣吴道子的《五圣图》。

常常有人说喜欢李白，不喜欢杜甫，因为他太沉重了，仿佛从来没有年轻过。

但你可知道，杜甫出生于唐玄宗先天元年（712 年），见证了盛唐，盛唐自由昂扬的精神奠定了他的气质底色。

青少年时代的杜甫，活泼健康，意气风发。

爷爷杜审言是他的文学偶像，他同样自豪于自己的才华，“嚣张”地表示“诗是吾家事”。

15 岁时，还和小孩一样，上树摘梨摘枣。

忆年十五心尚孩，健如黄犊走复来。

庭前八月梨枣熟，一日上树能千回。

——杜甫《百忧集行》

19 岁时，“不差钱”的杜甫开启了一场说走就走的旅行，从山西临猗到吴越地区，历时 4 年。其间，还捎带手地参加了一次科举考试。

纵使才华出众，但游山玩水又裸考，杜甫名落孙山。

杜甫并不在乎，接着旅行。

这次他来到了齐赵（今山东与河北南部地区）。24 岁时，杜甫登上泰山，写下了千古名篇《望岳》：

岱宗夫如何？齐鲁青未了。
造化钟神秀，阴阳割昏晓。
荡胸生层云，决眦入归鸟。
会当凌绝顶，一览众山小。

杜甫坚信，一次小小的科举考试不能证明什么，总有一天，自己会站在高处展现自己的才华与能力。

在齐赵地区，杜甫一玩就是 5 年。春天，在丛台高歌；冬日，在青丘游猎。呼鹰逐兽，裘马轻狂，好不恣意潇洒。

放荡齐赵间，裘马颇清狂。
春歌丛台上，冬猎青丘旁。
呼鹰皂枥林，逐兽云雪冈。
射飞曾纵鞚，引臂落鹙鸧。

——节选自《壮游》

“4 年 +5 年”，本硕博连读都毕业了，但杜甫却在心安理得地“啃老”，这或许就是“土豪”的底气。

中年危机来了

和那个年代大多数读书人一样，杜甫的终极理想也是做一名贤臣，辅佐明君、造福百姓。

这个理想，却始终求而不得，成为折磨杜甫一生的枷锁。

天宝六年（747 年），唐玄宗下令，天下“通一艺者”到长安应试。杜甫自信满满地去了，本以为终于等来了大展才华的机会。

然而又落榜了。

更荒谬的是，没有一个考生被录取。

因为特别会拍马屁的宰相李林甫，要为唐玄宗营造“明君治下，野无遗贤”的盛世假象。

这一年，杜甫 35 岁，开始了近 10 年“长漂”生活。

命运残酷的大门正向他缓缓打开。

没过几年，杜甫的父亲去世了，不能再“啃老”，杜甫开始面临找工作难和消费降级。

朝扣富儿门，暮随肥马尘。

残杯与冷炙，到处潜悲辛。

年轻时以为凭借祖传的才华，封侯拜相易如反掌。如今，却要在清晨厚着脸皮到权贵家投简历；傍晚跟在马车后面吃一肚子灰尘。奔波一天，连口热乎饭都吃不上。最艰难时竟要和贫民一起买减价米……

天宝十四年（755年），杜甫终于等来了“右卫率府胄曹参军”的职位，负责看管兵器库。

虽然与理想相差十万八千里，但杜甫还是接受了，因为他实在是活不下去了。

他这样安慰自己：“不作河西尉，凄凉为折腰。老夫怕驱走，率府且逍遥。”

上任没几天，杜甫惦记家人，请假回家探亲。

未承想，在回家的路上，“渔阳鼙鼓动地来，惊破霓裳羽衣曲”，“安史之乱”爆发了。

战火湮灭了大唐盛世的耀眼光辉，也戳破了杜甫“致君尧舜上”的年少梦想。

杜甫再次没了工作。

“逃跑达人”上线

有句话叫“黑夜总会过去，黎明终将到来”。

但对杜甫来说，黑夜却如此漫长。

“长漂”10 年，杜甫尝尽世态炎凉；“安史之乱”后，他迎来了命运接踵而至的暴击。

为躲避战乱，杜甫历经千辛万苦，将家人安顿在了鄜州（今陕西富县）。后听闻唐肃宗继位，始终怀有政治理想的他，告别妻儿，只身投奔唐肃宗。

没想到，在路上与叛军迎头撞上，被抓到长安。

一年后，杜甫抓住机会，逃了出来，一番波折，终于见到了唐肃宗。

“麻鞋见天子，衣袖露两肘。”这就是杜甫拜见唐肃宗时的潦倒形象。唐肃宗被他的忠诚打动，任命他为左拾遗。相当于纪检干部，负责向皇帝进谏。级别虽低，却可与皇帝直接对话，前途远大。

这大概是杜甫离他的政治理想最近的时刻。

刚干了 2 个多月，杜甫就在唐玄宗父子的政治斗争中站错队，被贬到华州做司功参军，管理户政、田宅和杂徭。

到了华州，又遇关中大旱，物价飞涨，薪水月光，无法养家糊口。

这时，杜甫已经年近半百，患了风疾，体弱多病。他对仕途已经绝望，只想找个地方归隐田园。于是，他决定裸辞，带家人去秦州（今甘肃天水市）。

按照杜甫的想象，秦州远离战火、富足宁静，是个宜居的好地方。但到了才知道，这里地瘠民贫，吃饭只能靠朋友接济，连个住的地方都没有。

翠柏苦犹食，晨霞高可餐。

世人共卤莽，吾道属艰难。

不爨井晨冻，无衣床夜寒。

囊空恐羞涩，留得一钱看。

——《空囊》

杜甫决定继续向西，前往同谷（今甘肃成县）。在同谷，他迎来了人生的至暗时刻。

没有住处，就在凤凰山麓飞龙峡口搭建了简陋的茅房。没有食物，北风呼啸中，跟着养猴子的老人去山里拣橡果；大雪纷飞时，扛着锄头去雪地挖黄独。尚不足 50 岁，杜甫已经满头白发，老态龙钟。

有客有客字子美，白头乱发垂过耳，

岁拾橡栗随狙公，天寒日暮山谷里。

中原无书归不得，手脚冻皴皮肉死。

呜呼一歌兮歌已哀，悲风为我从天来。

——《同谷七歌》之一

华州、秦州、同谷，短短一年内，杜甫奔波辗转三地，越走越惨。“官三代”的出身，却几乎沦落为乞丐，上演了一部乱世流亡纪录片。

如要评选古代十大悲惨诗人，杜甫无疑位居榜首。

文章憎命达

“文章憎命达，魑魅喜人过。”杜甫这句怀念李白的诗句，用在自己身上同样合适。

“安史之乱”是杜甫悲惨生活的起点，同时也是其文学成就的起点。战乱、饥荒、官场上的各种失意，让杜甫对于自身和时代，有了深切的体悟和思考。

所有的磨难和痛苦，不能摧毁你的，一定会使你更强大。从“安史之乱”到他去世，短短15年时间里，杜甫创作了1000多首诗歌，精品迭出。

黑夜给了杜甫黑色的眼睛，杜甫用它看到了战乱中老翁送别老妇的泪水、战士无家可归的心酸，写出了《三吏》《三别》这些光照千古的诗篇。

囚禁在长安，杜甫看到昔日繁华的城市一片破败荒凉，写出了“感时花溅泪，恨别鸟惊心”的悲怆；看到月亮，思念家人，写出了“今夜鄜州月，闺中只独看。遥怜小儿女，未解忆长安”的离乱之苦。

他亲眼见到小儿子饿死，愤慨于“朱门酒肉臭，路有冻死骨”的不公；屋顶上的茅草被秋风卷走，却盼望着“安得广厦千万间，大庇天下寒士俱欢颜，风雨不动安如山”。

他有过衣不蔽体、食不果腹的艰辛经历，所以常怀感恩之心，“赖有苏司业，时时与酒钱”“但有故人供禄米，微躯此外更何求”，感激在艰难时刻给他提供帮助、带来温暖的朋友们。

当他安定下来，一双眼睛同样可以发现生活中的美好，“留连戏蝶时时舞，自在娇莺恰恰啼”“江碧鸟逾白，山青花欲燃”“窗含西岭千秋雪，门泊东吴万里船”，一支笔写尽恬静的田园生活。

与其他诗人一样，杜甫爱喝酒，为了喝酒甚至典当了身上穿的衣服。永泰元年（公元765年），年仅40岁的郑国公暴病身亡。杜甫靠山没了，只得离开成都，去夔州（奉节）投奔都督柏茂林。当时杜甫从乐山乘船，沿岷江路过戎州（今四川省宜宾市），受到戎州最高长官杨使君设宴接风。接风宴上，杨使君知道杜甫爱喝酒，特意将当时戎州最流行的“重碧酒”摆上宴席，请杜甫品鉴。酒色碧绿，多粮酿造的酒味均衡，品尝到美酒后酒酣耳热之际，杜甫欣然提笔，写下《宴戎州杨使君东楼》：

胜绝惊身老，情忘发兴奇。座从歌伎密，乐任主人为。

重碧拈春酒，轻红擘荔枝。楼高欲愁思，横笛未休吹。

诗酒相传，让重碧酒名声远播。从“重碧酒”“姚子雪曲”到杂粮酒，千年岁月洗涤，无数匠人的持续精进，酿造了醇厚甘美、诸味谐调、恰到好处的五粮液，千百年来底蕴始终未变。

余光中曾这样在诗中评价李白，“绣口一吐，就是半个盛唐”。

对于文学史而言，另一半盛唐是杜甫绣笔挥就。

杜甫的诗歌极大地开拓了内容边界，从抒发个人情感升华至关心民生疾苦、洞察时事；艺术成就集古典诗歌之大成，语言凝练质朴、结构曲折迂回。

杜甫是唐代律诗的最高成就代表，凭一己之力，树立了律诗写作的典范。

“一篇之中，句句皆律；一句之中，字字皆律”，一首“千古七律第一”的《登高》，让无数后人献上了自己的膝盖。

风急天高猿啸哀，渚清沙白鸟飞回。
无边落木萧萧下，不尽长江滚滚来。
万里悲秋常作客，百年多病独登台。
艰难苦恨繁霜鬓，潦倒新停浊酒杯。

在电视剧《庆余年》中，范闲就是凭这篇《登高》在诗会上惊艳四座，让众多才子自愧不如。

赢得“千秋万岁名”

遗憾的是，由于杜甫诗歌与当时明快、张扬的文学审美错位，杜甫生前并没有很大名气，只能算是个二流诗人，连与他交好的李白、高適等人的诗文中都没有发现直接称赞杜甫诗歌的语句。

直到杜甫去世后，诗人元稹为他撰写墓志铭时，翻开杜甫封尘已久的诗卷，一读之下，句句珠玑，惊为天人：“则诗人以来，未有如杜子美者，是时山东人李白，亦以奇文取称……诚亦差肩于子美矣！”

到了宋代，杜甫更几乎成了文人偶像，黄庭坚甚至宣称自己是“杜甫转世”，他创立的江西诗派便以杜甫为“祖”。

超过千人为杜诗作注解，创造了中国文化史的奇观。杜甫则以他超凡脱俗的表达，引领我们找到美酒五粮液千年前的原貌。

闻一多说：“杜甫是四千年文化中最庄严、最瑰丽、最永久的一道光彩！”

余秋雨说：“人世对他，那么冷酷，那么吝啬，那么荒凉；而他对人世却完全相反，竟是那么热情，那么慷慨，那么丰美。这就是杜甫。”

苦难与坎坷，造就了杜甫悲天悯人的仁者情怀，凝结成一篇篇超越时空的动人诗篇。“诗圣”，不仅是后人送给杜甫的迟到礼物，更是杜甫留给后人的精神财富。

Tips • **大禹治理僰地水患**

传说，大禹的故里在岷江上游的汶川。上古僰地（今宜宾）洪水泛滥，大禹受命负责治水。大禹克服种种困难，以“疏”代“堵”，“导江治河”，治理好了洪水。每年农历七八月份洪水汹涌时，岷江河水通过泄洪通道增加了过流量，减少了水患。

没有陆羽，
世界历史要少一半！

文 / 九公子的浪

这两年的愚人节，都有这样一则“新闻”：

美国众议院通过了《陆羽美利坚合众国历史地位认定法案》；美国内政部计划，将陆羽刻在总统山上。

新闻自然是假的，但是在笑过之后，其中的内涵却值得深究，难道真的是没有陆羽，就没有美国？

实际上，这则愚人节新闻，也不全算空穴来风。

因为没有陆羽，世界历史要少一半！

没有陆羽，就没有延绵了上千年的东方茶文化。

17 世纪 30 年代中期，荷兰商人就不会把中国的茶叶带到英国。

没有英国风靡的饮茶文化，英国人就不会把茶文化带到北美新大陆。

北美新大陆不喝茶，英国政府就不会在那儿征收高额的茶叶税。

没有苛刻的茶叶税，就没有 1773 年著名的波士顿倾茶事件。

没有波士顿倾茶事件，就没有美国独立战争的导火索。

不但如此，咱们中国“琴棋书画诗酒茶”的“七雅”怕是要少一“雅”。

也许你会说，只不过少了一部《茶经》，中国人饮茶的历史源远流长，上古时期就有了。

的确，没有陆羽，我们照样会喝茶。

可是，没有了陆羽，我们现在是喝“荼”。

在陆羽之前没有“茶”这个字，用“荼”字代“茶”，大家都知道这个传说：“神农尝百草，日遇七十二毒，得荼而解之。”

是陆羽将“荼”字减一画，写成“茶”，意为“人行草木间”。

鸿渐于陆，其羽可用为仪

陆羽（733—约804年），唐代复州竟陵人，也就是今天湖北天门市人，字鸿渐，又字季疵。

圣人一般都有神奇的出身和坎坷的经历。

陆羽便是如此。

陆羽在自传里这样描述自己：“不知何许人，有仲宣、孟阳之貌陋；相如、子云之口吃。”——长得丑，有口吃也就罢了，最关键这一句“不知何许人”，甚是心酸，语气透露“敢问苍天我是谁”的无奈。

传说在公元733年的一个深秋，龙盖寺的高僧智积禅师路过一座小石桥，听见桥下有群雁哀鸣之声。智积禅师走近一看，竟然是一群大雁用翅膀在守护着一个男婴。

这个男婴便是陆羽。

智积禅师抱起小陆羽，看着他冻僵的脸蛋：“你既与我有缘，等你长大了，我要把佛法都教于你，让你继承我的衣钵。”

小陆羽渐渐长大，却怎么也不愿意剃度出家。

12 岁正值叛逆期的陆羽以“不孝有三，无后为大，出家人连最基本的孝道都做不到”为由，离开了龙盖寺。

此后，陆羽在当地戏班子里当过丑角演员，兼做编剧和作曲，后来还编写了三卷笑话书《谑谈》。后又经竟陵太守李齐物修书推荐，在火门山邹老夫子门下受业 7 年。

陆羽泡的茶，名和利都不拿

一般来讲，上天总是怕有才的人过于寂寞，会安排一个人与之齐名、并称。

有“诗仙”李白则有“诗圣”杜甫；有“酒仙”刘伶则有“酒圣”杜康……

陆羽却没有。

他被誉为“茶仙”，尊为“茶圣”，祀为“茶神”。

“仙”“圣”“神”三字加身，如山峰之巅，遗世独立。

茶的世界里，前无古人，后无来者，陆羽很寂寞。

其实，陆羽的才华远不囿于一茶，他博学多能，是著名诗人，又精通音韵、书法、演艺、剧作、史学、地理。

只不过，其他方面的成就被他所著《茶经》掩盖了。

陆羽自幼便开始煮茶，曾在龙盖寺为智积师父煮茶，茶香味甘，以至于陆羽离开龙盖寺后，智积便不再喝别人为他煮的茶。

这段经历不仅培养了陆羽的煮茶技术，更是启发了陆羽对茶的无限探究。

从火门山邹老夫子门下学成后，陆羽没有像同窗一样求取功名，而是确立了此生志向——游历山川，为茶著经。

别以为唐朝那会儿喝的茶和现在的茶一样。

陆羽之前的茶水，里面可不只有茶叶，还会出现葱、姜、花椒、八角、桂皮等。

“黑暗料理吗？加葱、姜、花椒、八角、桂皮，简直画蛇添足，遮盖茶之本味！”

发完牢骚，陆羽撂出狠话：“我，陆羽，要制定泡茶的国标，还要写一本茶学百科全书，让子孙万世都可以读到！这本书，一定要牛、要猛、要全！”

21 岁的陆羽挽起袖子，干了起来。

“我不但要收录最全的茶叶品种，也要收录最全的烤茶、选水、煮茗、列具、品饮方法！”

“我不但要收录品茶百科，还要整理出茶具的原料、形状、制作工艺，什么都不遗漏！”

“我不但要收录茶的源、造、具、饮、地，还要收录茶人的品性、茶的哲思！”

为此陆羽开始了对茶的游历考察，一路经义阳、襄阳，往南漳，直到四川巫山，山南道、淮南道、浙西道、浙东道、剑南道都留下了陆羽考察的身影。

秋去春来，无数个昼夜过去。

终于有一天，陆羽放下笔，完成了这部著作。

此时陆羽已47岁，前后共历时26年，才最终完成这世界上第一部研究茶的巨作《茶经》。

这时，年近半百的陆羽方才露出微笑："我终于完成了一生的梦想，这才叫不辜负我的时代。"

陆羽之后，茶跃诗中细细碾

陆羽之后，文人墨客不再以酒独伴，茶也成为必备。

茶与酒，文人标准的文化范式，成为诗作中浑然天成的意象。

刘禹锡说"诗情茶助爽，药力酒能宣"，茶是他写诗的神助攻；白居易"茶铛酒杓不相离"，用酒驱愁，以茶破睡，茶是白居易的提神必需；李清照说"酒阑更喜团茶苦"，与夫"赌书泼茶"，茶便成了风雅趣味；苏轼小炉煮茶，就连做梦也在喝茶："梦人以雪水烹小团茶，使美人歌以饮。"

嗜茶者很大程度上已经脱离解渴需求。

在品鉴茶水的过程中，感受其对价值观、世界观的启发；

从茶的属性中实现自我认知的提升，以茶为镜实现自省。

为了研究茶道哲学，中国人民大学哲学院专门进行了茶道哲学研究，在挖掘传统文化过程中揭示中国茶道的精神，在比较视野的观照下，构建独立于他者的中国茶人的信仰世界。

茶为涤烦子，酒为忘忧君

陆羽《茶经》，有多处言及酒事，通篇合计出现7个“酒”字：

《茶经·六之饮》曰：“至若救渴，饮之以浆；蠲忧忿，饮之以酒；荡昏寐，饮之以茶。”道出酒可“解忧”、茶能“提神”的功效。

《茶史》辑有《陆羽事迹十一则》，其中一条赫然写有：“陆羽，茶既为癖，酒亦称狂。”

茶癖者也有好酒量，懂茶亦懂酒。

陆羽曾亲临四川一带游历、考察，四川美酒甲天下，陆羽在品泉鉴水的过程中大概率品鉴过清冽甘甜的岷江水，品尝过由岷江水酿成的重碧酒，重碧酒作为五粮液的前身，千年传承与创新，酝酿成如今的世界名酒。

陆羽也在茶与酒之间感悟到了人生的真谛。

茶性温，酒性热。

茶有茶道，酒有酒味。

在饮茶中享受人生，在饮酒中思索人生。

茶七茶八，粗细嘈杂，尝百态众生相；

酒优酒劣，酸甜苦辣，品世间转眼福。

淡茶一杯，随意人生，心态决定幸福的多少；浓酒几盅，伤感落泪，常悔难诉情感的有无。

现代人抱怨“品茶时少，酒局时多”，难免少了隐士的素朴清幽。其实不然。

小隐隐于茶室，大隐隐于酒家。

闲逸潇洒的生活不一定要静心品茗才能体会得到，更高层次隐逸生活是在嘈杂微醺之中，在五谷酿造的醇香中，在酒窖深藏的余味里，亦能找到静喜与恬淡。

心中若留一片雪，人生何处不清明。在茶与酒的世界，一切肆意皆可实现。尤其在巴山蜀地温润自然环境的滋养下，诞生的世界闻名的川茶、川酒，存于中国人的餐桌从未消失。

Tips · **黄庭坚修建流杯池**

北宋元符元年（1098 年），大诗人黄庭坚谪居戎州（今四川省宜宾市），仿王羲之《兰亭集序》意境修建了采用“流觞”法猜酒的流杯池。该池建于怪石峰的峡谷中，为九曲形，池边有石凳 8 个，可围坐流杯饮酒，黄庭坚常邀请文人雅士在此聚会。从宋代至今，流杯池周围摩崖石壁上留下了黄庭坚、杨升庵等历代名人雅士所留书法石刻 100 余通。黄庭坚喜爱宜宾的美酒，留下了《安乐泉颂》等诗作传于后世。

诗豪刘禹锡：没有什么能让我放下傲娇，除了酒！

文 / 九公子的安

“彭城刘梦得，诗豪者也，其锋森然，少敢当者。”这是白居易笔下的刘禹锡。

傲娇如刘郎

“人生不如意十之八九”，但总有人能勇往直前，在这艰难的人世间倔强而乐观地活着。

傲娇的刘郎便是这样的人。

刘禹锡出生于公元 772 年，彼时，被后人尊为“诗仙”的李白已经作古十年。

后人常说李白豪迈不屈，其实他实在比不上刘禹锡，也曾写下“一枝红艳露凝香，云雨巫山枉断肠”，这种明显给杨贵妃的马屁诗。

而刘禹锡被贬十年，尝够贬谪之苦，好不容易被召回京，依旧耿直地写下“玄都观里桃千树，尽是刘郎去后栽”，讽刺当权者都是刘郎被贬后当权上位的，可见其刚毅。

紫陌红尘拂面来，无人不道看花回。

玄都观里桃千树，尽是刘郎去后栽。

——刘禹锡《玄都观桃花》

当然，刘禹锡因此很快又遭贬谪。

十几年后，刘禹锡再次回到京城，挥笔写下《再游玄都观》，自豪宣言：桃花变成了菜花，种桃的道士也挂了，只有我老刘还在。看看！时光的打磨、政敌的迫害都不能使他屈服。

百亩庭中半是苔，桃花净尽菜花开。

种桃道士归何处，前度刘郎今又来。

政治生涯不顺利，可是刘郎不在乎！

反而意气风发写下《秋词》：

自古逢秋悲寂寥，我言秋日胜春朝。

晴空一鹤排云上，便引诗情到碧霄。

这是刘禹锡第一次被贬郎州（今湖南常德）时所作的，贬谪没有消磨他的意志，让他变得悲观消沉，反而一改历来诗人悲秋的情调，热情赞美秋日风光的美好，如此昂扬奋发，这碗鸡汤你干了！

被贬黜这种事，搁在一般人身上必然痛苦，更何况一而再再而三。但刘禹锡自我激励，一个人如果没经过什么波折，能有办法认识自己的不足吗？

少年负志气，信道不从时。

只言绳自直，安知室可欺？

百胜难虑敌，三折乃良医。

人生不失意，焉能慕知己？

——刘禹锡《学阮公体三乎》诗之一

最后两句十个字，不但是诗豪的人生哲学，也安慰了多少失意之人，让他们在人生绝境中找到一丝力量。

逆境之中，居于陋室的刘禹锡怡然自得，高声吟出“山不在高，有仙则名。水不在深，有龙则灵”，更自信反问“何陋之有？”好不快哉！

几乎没有事情能够打倒刘郎，包括时间。

刘禹锡晚年写给白居易的诗中还有“莫道桑榆晚，为霞尚满天”的豪气，而丝毫没有李商隐“夕阳无限好，只是近黄昏”的无奈和悲伤。

刘禹锡还自比过牡丹，“庭前芍药妖无格，池上芙蕖净少情。唯有牡丹真国色，花开时节动京城。”

应该说，刘禹锡一生都在抗争，看上去没什么能让他放下傲娇，除了酒！

暂凭杯酒长精神

其实，酒桌上的刘禹锡，三杯下肚，无限忧愁就涌上心头。

这忧愁，其实并非矫揉造作的小心思，反而更见家国天下的大情怀。

高髻云鬟宫样妆，
春风一曲杜韦娘。
司空见惯浑闲事，
断尽苏州刺史肠。

——刘禹锡《赠李司空妓》

诗中提及的“司空”，据考证就是李绅。李绅年轻时也曾是关心百姓疾苦的热血青年，写下过“锄禾日当午，汗滴禾下土”这样的悯农诗句，而此时已然成了趋炎附势、终日声色犬马的官僚。

因为李司空和白居易交情不错，早年都是新乐府运动的倡导者，才使得他再有机会请刘禹锡喝酒。

诗的前两句描述了酒中歌伎助兴的场景，美女们精美的发饰和优美动听的歌曲。后两句中“司空”指代李司空，“苏州刺史”就是刘禹锡。这，也是我们经常说的成语“司空见惯”的出处。

在李司空看来寻常不过的事情，刘禹锡却愁断了肠。字面上很多人理解为老刘迷恋上了歌伎，害了相思病。殊不知，这句和杜甫的“此曲只应天上有，人间能得几回闻”一样是意在言外，表达的实际上是讥讽和痛心。

当然，看不上李司空，刘禹锡还有别的至交好友，比如白居易。

《酬乐天扬州初逢席上见赠》写于刘禹锡被贬23年后，征召回京的路上，“酬乐天”就是要答谢白居易。

巴山楚水凄凉地，二十三年弃置身。
怀旧空吟闻笛赋，到乡翻似烂柯人。
沉舟侧畔千帆过，病树前头万木春。
今日听君歌一曲，暂凭杯酒长精神。

白居易与刘禹锡年龄相仿，性情投缘，神交已久，此时终于在扬州相见，从此以后诗坛的“刘白”组合正式形成。

在这次酒席上，白居易为刘禹锡被贬多年鸣不平，写下了“亦知合被才名折，二十三年折太多”，刘禹锡为答谢他，写了这首诗。

这首诗前两句写刘禹锡自己在巴山楚水之地流放了23年，诸多劫难，“凄凉地”“弃置身”，虽语含哀怨，却在感伤中不失沉雄，凄婉中尤见苍劲。

第三、四句引用了典故感慨旧友凋零，其实就是在怀念与他志同道合的好友柳宗元，耐人寻味。其中“烂柯人”典出南朝梁代著名文学家任昉的《述异记》。相传晋人王质上山砍柴，看见两个童子下棋，就停下观看。等棋局终了，手中的斧柄（柯）已经朽烂，回到村里才知道已过了一百年，同代人都已经亡故。刘禹锡借此感叹世事沧桑，人事全非，他自己暮年返乡恍如隔世的心情。

尽管如此，第五、六句却话锋一转，用“万木春”这种生机勃勃的景象，寄寓新陈代谢的进化思想，表达自己看待困厄的豁达襟怀，是其不屈风骨、豪迈性情的再现。

此诗最后两句表达刘禹锡请好友白居易举杯痛饮，借以振奋精神。

人生难得一知己！这对好友之间畅谈家国情怀、痛诉衷肠，很多时候都是在酒桌上。

老刘流放的巴山楚水之地，说的就是四川盆地一带的山和水。虽然地处偏远，但老刘还是写下了“杨柳青青江水平”，可见他骨子里的豁达。

老刘出川返京的必经岷江江头，那里坐落着酒业昌盛、酒味甘美的戎州城。戎州家家户户都酿酒饮酒，酒坊的酿造技术更是高超。老刘路过此地，流连忘返，最终没抵住诱惑，还是扛上了几大坛上船。幸运的老刘遇到的美酒，就是千年前五粮液的前身。

当然，刘禹锡写给诗友、酒友的诗可不止上面一首。

酒后人倒狂

《酬乐天斋满日裴令公置宴席上戏赠》也是刘禹锡晚年在酒桌上赠予白居易的。

一月道场斋戒满，今朝华幄管弦迎。
衔杯本自多狂态，事佛无妨有佞名。
酒力半酣愁已散，文锋未钝老犹争。
平阳不独容宾醉，听取喧呼吏舍声。

刘禹锡显然很不开心，因为白居易突然闭关斋戒一个月，没人跟他饮酒作诗。

待白居易出关后，裴度请客，大家一起吃饭。

酒桌上，老刘主动承认自己酒量不行，说自己喝多就容易耍酒疯，有“狂态”。

彼时，唐代酒业发达，好酒层出不绝，宜城酒、乌程酒、桑落酒、浔阳酒……蜀地戎州美酒重碧酒口味尤为妙绝，想必爱酒的老刘一定品尝过此酒。

借着酒劲，刘禹锡跟白居易袒露心声，说自己“酒力半酣愁已散”，意思是我当然也忧愁过，现在都过去了。现在呢，文锋还在，宝刀不老。

最后，老刘又招呼白居易说，来吧，咱们就像西汉平阳宰相曹参一样，好好喝一场吧。

这里得交代一句，曹参以“终日醉酒”闻名，不理政务，却依然能够被人称为贤相，而请客的裴度也是当时已经卸任的宰相，刘禹锡年轻时候曾被同僚王叔文称有宰相的才能和气度。

这样自比，细心的人才能发现，刘郎向好朋友表达的无奈中也带着傲娇吧。

后来，刘郎写下《曲江春望》，是最不像他豪迈风格的一首诗。

凤城烟雨歇，万象含佳气。
酒后人倒狂，花时天似醉。
三春车马客，一代繁华地。
何事独伤怀，少年曾得意。

这首诗中满是“举杯消愁愁更愁”的颓废，白居易只好写诗安慰他说“羡君犹壮健，不枉度年华”。

说起来，刘禹锡二十出头，就与柳宗元同中进士，在唐代著名诗人中，大概也只有年少成名的王维可和他相比。

当时的改革派领袖王叔文把他和柳宗元当成未来宰相接班人培养，官职不高但处于权力的核心，他们参与的“永贞革新”可以说是唐朝能得以续命的最后机会。

可惜后来王叔文不善权谋，随着改革唯一的支柱顺宗皇帝中风倒下，整个“永贞革新”也就戛然而止。

王叔文被赐死，刘柳被发配。“少年曾得意”的刘禹锡的政治生涯也因此结束。

刘禹锡的一生，命运多舛，多次被贬，却始终乐观豁达，积极向上。

只有在“酒后人倒狂”的时候，才流露了些许壮志未酬的忧伤。不过或许也和未饮得好酒有些许关系，失之轻狂矣！

Tips • **泛舟饮酒风靡一时**

在古代，船舶作为主要交通工具，泛舟饮酒蔚然成风。唐代，诗人们携酒登舟，放歌大江，吟诗作赋，聚宴畅饮。边塞诗人岑参曾泛舟饮酒于岷江之中，写出怀念友人的佳作；晚唐诗人韦庄曾雪夜泛舟饮酒于长江之上，写了《夜雪泛舟游南溪》；剑南西川节度使兼戎州都督府都督韦皋驻节戎州夔道城三年，曾泛舟天池，作《天池晚棹》。

斜杠青年杜牧：
被酒乐耽误的军事家

文 / 九公子的浪

唐德宗贞元十九年（803 年），谁也不会意识到，中晚唐诗歌的版图，将会因为一个婴儿的诞生而酝酿高潮，并再现辉煌。

这个婴儿就是——杜牧。

那一年，韩愈 35 岁，刘禹锡、白居易 31 岁，柳宗元 30 岁，元稹、牛僧孺、贾岛 24 岁，李德裕 16 岁，李贺 13 岁。

喜爱唐诗的人们还要分别再等上 10 年和 9 年，才能爬梳出李商隐和温庭钧的名字。

崭露头角：两枝仙桂一时芳

杜牧原本家世显赫，曾祖与祖父出将入相。杜牧自幼住在长安 CBD——紧邻中轴线的安仁坊，是京都的黄金地带。

可惜的是，父亲杜从郁早逝，杜牧一家举债度日，CBD 的 30 多间房子一时间也都归了债主。

杜牧忍饥挨饿、暗无天日的生活一直持续到 25 岁。那年他中了进士。

春风得意马蹄疾，杜牧在京城里流连欢宴。宴间但求美酒佳人，不拘小节的名声很快传开。

醉酒高歌，望空长笑，只以为天下之地无不可去，世间之事无不可为。

杜牧最初的官职是弘文馆校书郎，掌校雠 [chóu] 典籍，订正讹误。

任上几乎没有什么上得了台面的政绩，却干了一件事——访问前淮西叛将、吴少成之婿董重质，向他打听淮西叛乱，朝廷出兵四年不能剿灭的根由。

由此可见，任校书郎的杜牧，心里记挂的还是军国大事。

风流诗人、小小公务员不好好工作，怎么会激昂慷慨地谈论兵戈之事？这就是杜牧的“斜杠”之处。

虽是诗人、公务员，却喜好谈兵，不仅攻读，甚至还动手注释《孙子兵法》，成为继曹操之后成就最大、影响也最大的注家。

杜牧的青年时代，唐王朝内部的征战杀伐，将他的注意力牢牢吸引。

刀光剑影硝烟弥漫的岁月，他对军事的兴趣大增，人生走向被现实不动声色地变轨。

被战乱造就或曰改变的文人，当然不止杜牧一个。比如颜真卿与高適，都直接成长为一方统领，阵前立功。

杜牧毕竟没有直接遭遇战乱，因而也只能是纸上谈兵。

他在京城当了半年官，便应江南西道都团练观察使沈传师的邀请，南下洪州（今江西南昌）出任幕府巡管。

一般而言，唐人都愿意当京官，不愿去藩镇幕府就职。就像现如今的文人，没到北京漂泊一回，都有虚度此生的遗憾。

杜牧可不。沈传师一招手，他便应声前往了。

有人要说，一定是沈传师的 35 万聘金诱惑了杜牧。

但凡了解杜牧的生平，总会对他有比较缺钱的印象。可假如就此得出他是冲着聘金而去的结论，未免看扁了杜牧。

那等心胸气量，不可能成就如此文名。

他是想要有一番成就的，可在藩镇幕府当幕僚，终究人微言轻，他所提出的军备方案兵法理论，都没有派上用场。

没有正事给他做，杜牧日日醉在酒色里。

寄情酒乐：我心悬旆正摇摇

唐朝年间，娱乐业极为发达。王公大臣文人雅士出入秦楼楚馆朝歌暮舞，是极为寻常的事情。

这也是杜牧的生活方式。

众所周知，杜牧娶了朗州刺史裴偃之女。俗话说得好，大树底下不长草。名人的配偶，难免要生活在阴影之中。裴氏在杜牧的生活中似乎可有可无。小杜不像老杜，也不像李商隐和李白，诗集中压根儿找不到寄内的作品，连就上任也不带家眷，这很难不让人遐想夫妻感情不和。

谈杜牧就不能不谈张好好。

杜牧与身为官妓的张好好相识于沈传师组织的滕王阁Party上。

那时，张好好才13岁，一曲唱罢，大家都惊为天人。

龙沙看秋浪，明月游朱湖。

自此每相见，三日已为疏。

两人郎才女貌，一见钟情。

美得能让瞎子开眼，张好好的人气当然很高。

杜牧的头号情敌就是顶头上司沈传师的弟弟沈述师。

身份悬殊，杜牧败下阵来。张好好16岁那年，被沈述师纳为妾室。

几年后，杜牧在洛阳重遇张好好。此时，张好好已被沈述师抛弃，沦落为他乡之客，以当垆卖酒为生。

故人重逢，杜牧鬓角已斑白，讲起分别后各自的遭遇，感怀伤旧间，杜牧写下了《张好好诗》，“酒尽满襟泪，短歌聊一书”。

杜牧与张好好虽未成为一段佳话，但杜牧却留下了他唯一传世的墨宝——书法长卷《张好好诗》。

大和七年（833 年）的春天，杜牧奉派去扬州“聘问”扬州市长牛僧孺。

这个繁华的都市很对杜牧的脾气，他立即与之打得火热，“十年一觉扬州梦，赢得青楼薄幸名”。

宁愿相信，杜牧在扬州的风流生活，是他表达不满的一种方式。

身为才子文人，有几人能决定自己的命运？

人生的每一次选择，似乎都像是股票操作。涨停的少，跌停的多。

终其半生，从未得过重用，几十年岁月，都只蹉跎在醇酒佳人身上。

扬州的纸醉金迷，并未让杜牧彻底迷失。他胸中壮志依旧。

秦楼楚馆的歌舞佳人，无法遮蔽战鼓咚咚。在此期间，他接连写下《罪言》《原十六卫》等千古雄文，谈的都是军国大事。

落幕时刻：阔展朱盘开酒场

提起唐朝，酒几乎已经成为了一个文化符号。

毫不夸张地说，酒是当时当之无愧的第一饮品。唐人无论聚会、会友、闲聊乃至于进行艺术创造，都要喝酒。

尤其是被同为唐朝人士杜甫夸耀过的“重碧酒”，几种粮食按照一定的比例结合，酿造出味醇浓香的佳酿，爱酒的杜牧当年必定也痛饮过此种甘露。如今，“重碧酒”已经传承千载，变身成为家喻户晓的世界名酒五粮液。

杜牧好酒，扬州十年不知喝了多少酒。

一醉解千愁，十年弹指间。

喝到尽兴处是“长空碧杳杳，万古一飞鸟。生前酒伴闲，愁醉闲多少”。别人酒量小还抱怨“尽召邑中豪健者，阔展朱盘开酒场”“画堂檀板秋拍碎，一引有时联十觥”。

在唐代，人们举酒相敬，有“蘸甲”的风俗，即敬酒时，用手指伸入杯中略蘸一下，弹出酒滴，以示敬意。杜牧酒风向来端正，从不偷奸耍滑。酒满心满，自己的酒杯倒得满满的，端起来喝得干干净净，杯子底从不养鱼——为君蘸甲十分饮，应见离心一倍多。

开成五年（840 年）冬天，杜牧请假南下江州看望弟弟。

好友李方玄听说此事，便带着自己的弟弟给杜牧置酒送行。其弟诙谐幽默，活跃了气氛，增添了酒兴，结果杜牧醉酒坠马。

李方玄取笑他：“你不要丧气抱怨，一定是老天嫉妒你的才华，才让你醉酒摔下马，肉体吃点苦头。”

也只有李方玄这样的好友，才能让杜牧如此醉酒吧。后来两人还结成儿女亲家，杜牧的长子迎娶了李方玄的女儿。

杜牧与李方玄时常鸿雁往来，殷勤致意，非常投机。信末，杜牧总不忘善意提醒李方玄，更大程度上或许也是自警：

“足下气俊，胸臆间不以悁忿是非贮之，邪气不能侵，慎防是晚多食，大醉继饮，其他无所道。”

——保持快乐心态，喝酒不要连续作战，健康最重要。醉生梦死早已不再让他贪恋。

杜牧这一生的快乐总是短暂的，在酒后在山林；而郁闷则是永恒的，无时无地。

Tips • **清代诗人作诗称赞“泥头酒”**

清代知名诗人张问陶于乾隆年间路过叙州（今宜宾），作诗曰：“风掠晴云淡不收，夕阳吹影上扁舟。贴山楼殿平如画，插水林峦碎欲流。爆竹声繁逢腊日，荔枝香冷过戎州。船窗自击泥头酒，味谏轩南为少留。”诗中描绘了叙府美丽的图画，其中提到的泥头酒是叙府城中用泥封口的坛子里存放的陈酒。泥头酒在当时属于包装精美的好酒，产自八大酒坊之一，后并入五粮液。

醉倒大唐的那壶酒，你可愿尝

文 / 九公子的影

长安，是朱唇轻启，有余韵绵长的尾调。平仄的安稳，藏着盛世的从容。一世长安，是愿景，更是自信。

大唐就在那里，万方来朝。

长安的诗人们就在那里，或癫或狂，或悲或喜，牵动了千年的情绪。

他们以酒研墨，酒入豪肠，笔间迸发的，是酒意。

重碧酒，盛于唐，酒香穿街过巷，收集了太多奇景。穿越千年，一品五粮液，带你梦回大唐。

当你醉倒在长安的中央，有诗待和，有歌待应。

男儿重意气　何用钱刀为

杜甫是有执念的人，不然不会死守文人那一套，被大唐官场驱逐出局，直到自己连茅草屋都没得住的时候，还念叨着要大庇天下寒士。

杜甫一生仰慕李白。可统共俩人就见过三面，当真一眼万年？也是执念。

公元 744 年夏天，洛阳，初见。

箫鼓喧阗 [tián]，一醉方休。32 岁屡试不第的杜甫邂逅了 43 岁被赐金放还的李白。

金风玉露一相逢，便胜却，人间无数。

杜甫眼中的李白，与传说中并无相差：仙风道骨，企羡登真。他看到了李白的狂傲不羁，可也只看到了狂傲不羁。

“痛饮狂歌空度日，飞扬跋扈为谁雄？”尚有血性的杜甫，语气讥讽。这不是他心中的李白。

同年秋，二人相约游梁宋。同行的是“莫愁前路无知己”的高適。秋波落泗水，举杯欢歌，对影三人。分别后，各自访道求仙。

公元 745 年，东鲁，李白从任城赶去赴约。

系马高楼，琴诗酒伴。

“醉眠秋共被，携手日同行。”

寻深山隐士，拜道外李邕。

不久两人分手，杜甫西返长安，李白东游吴越。此后飞蓬各自远，再未相见。

十年后，渔阳鼙 [pí] 鼓动地来，“安史之乱”，惊破长安。

经历过朝野动乱、有志难伸、政治倾轧后的杜甫，忽然就明白了当年的李白。

狂傲不羁是表象，悲感至极方以豪语出之。

此时杜甫远游四方，明白了李白，也明白了自己。

他写入梦的李白，是“出门搔白首，若负平生志”的失意人。

不是那个花萼相辉楼里赞太真的宠臣。

他忆李白，是“冠盖满京华，斯人独憔悴”。

不是那个举杯邀明月的狂放仙人。

大历五年（770 年），在李白辞世八年后，杜甫手握酒壶，在临近岳阳的扁舟上去世。

长安城小，但壶中自有天长。

无论去与住　俱是梦中人

王勃能喝酒，完全属于遗传。

他叔公是王绩。是那个写“相顾无相识，长歌怀采薇”的王绩。王绩整天带着人种黍酿酒，研究制曲工艺，为酒立传写书。

王勃一笔好文，也是遗传使然。

他叔公 11 岁写《野望》，他哥哥王度 20 岁中进士。他自己，15 岁写信给宰相，针砭时弊。

明明是怎么打都不会烂的一副牌，被王勃组合出“杀人犯”，扔了出来。

唐咸亨年间，虢州（今河南）。王勃任参军。

官奴曹达偷窃主人财物，被发现后，逃命至此，恳求王勃收留。王勃心软，留下曹达，还日日亲自送饭。

乘兴踏月，西入酒家。

醉酒的王勃，喜欢琢磨事儿。

世间尚有王法，唐律明言私藏逃犯足以当斩。

想明白的王勃，提起篮子，送饭去了。

曹达抱住他，一口一个恩公地叫着。叫着叫着，就没声了……

事发，王勃下狱。

所幸逢唐高宗新改年号，大赦天下。可出来后才知道，父亲王福畤受此牵连，已流放交趾（今越南北部）。

因他生祸，六旬老父颠沛流离，远离乐土。王勃立即启程，南下探父。

公元 675 年，重阳节。王勃行至洪州城（今江西南昌）。洪州都督阎伯玙正在滕王阁大摆宴席，群贤同乐。

友人知晓王勃到此，竭力邀请。滕王阁上，登高临远，把酒抒意，上好的重碧佳酿，王勃痛饮一壶又一壶。

“小婿不才，愿为在座各位诵文助兴。”都督客套着。

众人了然，此场宴会是阎都督为提高女婿吴子章的文坛名声所举，便都竭力配合。

待吴子章磕磕巴巴把准备多时的文章背完，现场掌声雷动。

“佳节胜景，可有贵宾愿作文一比？”都督也就顺口一提。

“可否让小生一试？”人群中，少年长身玉立。

随手扔去纸笔，都督气得转到隔间。

不识时务的小子！

“豫章故郡，洪都新府。星分翼轸，地接衡庐。”王勃边念边写。

都督闭目：“老套对子，不过尔尔。”

“襟三江而带五湖，控蛮荆而引瓯越。物华天宝，龙光射牛斗之墟；人杰地灵，徐孺下陈蕃之榻。”

“用典尚可。”

“雄州雾列，俊采星驰。台隍枕夷夏之交，宾主尽东南之美。都督阎公之雅望，棨戟遥临；宇文新州之懿范，襜帷暂驻。”

都督快步走到王勃身边，他要亲眼见证史上第一骈文的横空出世。

“天高地迥，觉宇宙之无穷；兴尽悲来，识盈虚之有数。望长安于日下，目吴会于云间。地势极而南溟深，天柱高而北辰远。关山难越，谁悲失路之人？萍水相逢，尽是他乡之客。怀帝阍而不见，奉宣室以何年？”

…………

王勃笔尖飞旋，此时万物屏息，字字珠玑如良璞坠地，声震碧霄。

文毕，众人尚在惊愕。不知谁问了一句，敢求先生大名？

“绛州王子安。”大笑远去，空余背影。

史载唐高宗读罢此文，“一惊三叹”。

遂问近臣：“王勃在哪儿？速调回京，必要重用！”

臣答：“王勃于南海溺水，年方二十六岁……”

重碧酒美，可再也伴不了才子入睡。

吾爱孟夫子　风流天下闻

鼓足勇气，归隐多年、逍遥世外的孟浩然终于决定入仕。

然而久不闻世事，自是名落孙山。

心情烦闷，整日拉着贺知章和王维诗酒取乐。

经此一挫，温室老花孟浩然觉得还是闲着好，又动了归隐的心思。

北阙休上书，南山归敝庐。

不才明主弃，多病故人疏。

白发催年老，青阳逼岁除。

永怀愁不寐，松月夜窗虚。

——《岁暮归南山》

在皇宫太乐署任职的王维觉得孟浩然实在无聊，便带他溜进宫喝酒。偷摸拿出私藏的重碧酒，两人飘飘欲仙之时，门外忽然高吼：圣人驾到……

李隆基见到孟浩然，倒也没计较，笑着让他吟诵新作听听。

天赐入仕良机。

高兴傻了的孟浩然真的吟起了热腾腾的新作。

“不才明主弃，多病故人疏。”

李隆基拍案而起。

“你自己没考中科举，还怪我咯？”

孟浩然呆立原地，无可辩驳。

“‘气蒸云梦泽，波撼岳阳城’，这么好的句子不吟，非要出此怨念之语，回家吧，故人就不疏了！”

李隆基转身离去，宣告孟浩然仕途死刑。

三年后，离开长安，云游散心的孟浩然得遇襄州刺史韩朝宗。

彻夜痛饮, 互诉衷肠后, 韩朝宗决意拼尽全力, 助孟浩然入仕。

同入长安，韩朝宗四处奔走，更多次面圣，直言孟浩然乃沧海遗珠，愿祈垂怜。

李隆基终于答应再见一面。

到了约定的时间，未见孟浩然。韩朝宗的手下找到他时，他正与一众诗人饮酒作乐，好不开心。

“告诉韩大人，我喝酒了，不去了，别等我了。”

孟浩然大手一挥。

开元二十八年（740 年），回家吃喝玩乐的孟浩然偶遇“七绝圣手”王昌龄。

必要好酒好肉，大醉一场。

此时 51 岁的孟浩然毒疮初愈，不能喝酒，不能吃鱼。

可席间一有刁鲜美味，二有各色佳酿。从不自控的孟浩然一时贪嘴，致旧伤复发，久别人世。

天地爱才，这些光辉熠熠的诗人，被迫切入怀。

老去的不只是他们，还有大唐盛世。

陋室空堂，当年笏 [hù] 满床；衰草枯杨，曾为歌舞场。

长安城遍地都是诗人，长安城酒家无眠。有酒和诗，才能长醉不醒，永梦盛唐。

诗人们渐行渐远，风流终被雨打风吹去。穿越千年风霜，浓香美酒阵阵飘香，他们喝不完的酒，你是否愿意一品？

一千年前的偶像天团，秒杀 TFboys

文 / 九公子的琴

茫茫人海中，也许会走散，

也许有起伏，但是历史不会忘记，

群星璀璨的唐朝，

曾有三个伟大的诗人，和他们的“锵锵三人行”。

高適一生朋友很多，最让人津津乐道的，还是和李白、杜甫在一起的日子。

唐天宝三载（744 年），李白被赐金放还，从长安到了东都洛阳，遇见杜甫。当年秋天，他们到了梁宋（今河南商丘），遇见高適。

从此，三人开启了“梁宋自助游”：从东都洛阳出发，沿黄河赴开封，再从开封东下商丘，最终到达单县。

一个是名动天下的诗人，一个是诗坛小萌新，一个是尚未逆袭的边塞诗人，在这些个有着璀璨酒文化历史的地方，三人同游，成就了诗歌创作的巅峰。

诗酒唱和　三人同游梁宋

高適常年生活在商丘，也算是半个河南人了。

梁宋是商朝建都的地方，人们在这里发掘到爵、觚、斝三者成套的酒器组合，那可是至今出土的最早的成套酒具。

据《元和姓纂》记载，商朝的王公贵族有七支，形成七姓公族。这七姓公族中，有两个叫“长勺氏”和“尾勺氏”的公族。这两姓公族就是专门以制作酒具为生的氏族。

在商朝早期，人们就喜欢喝酒，那时候制作酒器是个非常不错的营生。

话说三人同游，又是在高適定居之地，高適自然做东好好款待了两位“同是天涯沦落人”。

李白爱酒，也爱明月，把酒当歌，酒是他沸腾的血脉。

杜甫爱酒不亚于李白。有人统计，诗圣杜甫创作的1400多首诗中，酒诗约占1/5，更是在千年前就找寻到了浓香典范五粮液的前身“重碧酒”并大发感想。

杜甫是李白的小迷弟，在喝酒这件事上也不例外。他还专门写了一首诗——

李白斗酒诗百篇，长安市上酒家眠，
天子呼来不上船，自称臣是酒中仙。

杜甫称李白是酒中仙子，那他自己呢？他说酒圣杜康姓杜，他引为祖，酒事就是杜家事。

不过曾陪侍皇帝左右的李白，和当朝权贵们喝的酒“金樽清酒斗十千”，搁现在相当于 600 多元一斤，绝对是五粮液级别的高端酒，这消费水平，三百青铜饮一斗的杜甫只有羡慕嫉妒恨。

高適和李白年纪相仿，也有许多相像的地方。

李白的诗写得好，粉丝众多，可以说是唐朝诗人群体的偶像。

粉丝中有一个叫魏颢的年轻人，为了见到偶像，到处围堵李白，堵了半年多。

李白对这个忠粉还挺不错的，鼓励他说他以后必名动天下，这人后来果然考中了进士。

魏颢描写李白“眸子迥然，哆如饿虎，或时束带，风流酝藉”。

热播剧《长安十二时辰》中，李白虽未出镜但经常被人提起。

而想当年，高適一首《别董大》，写的是有独门绝技七弦琴的唐朝实力派琴师董庭兰，此诗一出，高適增粉不少，同时董大的名气也更大了。

看来大 V 前进的路上都少不了大咖的助推啊！

生于盛唐的两人都胸怀大志，李白曾说自己“虽长不满七尺，而心雄万夫”，高適则说自己“举头望君门，屈指取公卿”。

王维“春草明年绿，王孙归不归”，写尽了对友人的挂念。高適“借问他乡事，今年归不归”，仿佛在撒娇，到时候你到了那里，我还要跟你联系打听那里的事情呢。

千金买壁　诗仙安家梁园

三人同游，甚是愉快，射猎于孟诸（今河南商丘东北）野泽，拉弓搭箭，纵骑追驰；于单父台（今山东单县）纵情诗酒，观赏歌舞。

更有意思的是，李白在梁园（河南商丘园林）还邂逅了一段美好姻缘。

当时李白、杜甫、高适在梁园作诗，李白醉酒在墙壁上留下一首《梁园吟》。

后来进梁园的一位僧人看到白墙壁被画得脏兮兮的，就想去抹掉。

此时一位姑娘冲出来了："别擦！"还放话说要把这面墙给买了，并立刻派人回家取了一千两银子。这姑娘原是当地的网红才女，而且还是前朝宰相的孙女。

"千金买壁"的事情传得沸沸扬扬。

最终，这位姑娘如愿成为李白妻子，即宗夫人。

就这样以诗为聘礼，以墙壁作嫁妆，李白开启了浪漫的"梁园之恋"。

美好的时光总是短暂的。

李白完婚后没过几天，就送别了两位驴友。

高適《东征赋》中写道"岁在甲申，秋穷季月，高子游梁宋既久，方适楚以超忽"，说明高適在秋末，因事入楚，离开梁宋。

高適还曾写诗称赞李白是天才，得意地说自己也算是和大众偶像一起过了一段亲密无间的日子了。

第二年，杜甫与李白在山东再次相遇。他们携手同游齐鲁，沿任城、曲阜、兖州、东蒙一线，来了一次寻仙问道之旅。

随后，李白南下，杜甫西上。

世事造化，从此两人再也没能见面。

风行雨散　乞丐逆袭封侯

高適年轻的时候曾落魄到做乞丐，可以说是穷得一塌糊涂。

从乞丐到封侯，高適带着一身“气骨”，展开了人生的逐梦之旅。游走长安没有好消息，考试考了几次也没高中，去边塞投军也没成。

但高適没有放弃，反而更加坚定。他的坚持终于结出了果实。

公元710年，李隆基和太平公主发动“唐隆政变”，韦后被杀。风云莫测的政局之变，云谲波诡的权力之争，李隆基即位后改元“先天”，后不久和郭元振、高力士等人联合，先发制人，赐死太平公主，改元“开元”。

开元年间，是群星璀璨的时代。玄宗选贤任能，著名的宰相姚崇、宋璟、张九龄都是唐玄宗时期的大臣，社会经济空前繁荣，进入开元盛世。

这一时期诗坛有李白、杜甫、高適，还有王昌龄、孟浩然、王维、王之涣。

高適人生的第一次转折是在天宝十一年（752 年）秋。

那一年高適 52 岁，距“梁宋之游”已过去近 10 年。高適被一代名将哥舒翰招入幕府，做了掌书记。

可是没想到，在一片祥和的盛世之下，隐藏着一场大暴乱。

安禄山从河北一路打到潼关，而这时镇守潼关的主将正是高適的上级哥舒翰。哥舒翰最后被俘。

李白、杜甫、高適三人皆有理想抱负，又是知己酒友，直到“安史之乱”爆发，三人的命运发生了彻底的改变。

先说哥舒翰被俘后高適的境况。

战乱之中，哥舒翰尸骨无存，而高適竟然奇迹般地第一时间跑到玄宗那儿汇报战况，替自己战败的上级说了好话，并提出朝廷此时应对叛军的对策。

得玄宗赏识，升了官。

此时期的李白呢，蒙难入狱，他向曾经的驴友已身居高位的高適求救，高適没理他。

杜甫这时候还忙着给狱中的李白写思念信。

有人就说，这高適是不是不讲义气啊，曾经还一起吃一起睡一起旅游呢，如今朋友有难就不管了？

其实不是高適不懂事儿，是李白搞事情啊。

偶像李白也有糊涂的时候，他投靠了永王。

永王是谁？是唐肃宗不安分的兄弟，也是高適讨伐的对象。连宗夫人都反对他投永王，但是官迷李白不听啊。

永王造反被杀，李白入狱，向高適求救。

可是他忘了自己早已选择了站在朋友的敌对阵营里。

李白先是被流放，后来赶上唐肃宗大赦天下，被赦免的李白就想去参军，没想到半道上病了。

李白的后半生就是这样颠沛流离。

杜甫跑到哪去了呢？他穿着草鞋跑到唐肃宗跟前做了左拾遗，这是个可以给皇帝提意见的中央级官职。

可是他偏偏惹怒了皇帝。皇帝为了疏远他，先是给他放长假，后又贬了他的官。

处境尴尬，索性辞官吧。之后的杜甫经常搬家，最后在朋友的资助下，在成都浣花溪建了草堂。就是这风雨飘摇中的草堂，成就了忧国忧民的传媒人。

成都杜甫草堂博物馆打造的“茅屋景区”，重现了诗人故居的田园风貌。

杜甫到四川，其实是奔两个人去的，其中之一就是驴友高適。

他在小茅屋里待着，日子过得很清贫，公事繁忙的高適得空就携友去看望他，而且每次都不会空手去。

有一次杜甫给高適发微信，说自己过得很艰难，快要被饿死了。高適从百里之外背米去接济他，杜甫写到“故人供禄米，邻舍与园蔬”。

从那时起一直到高適退休，他都一直照顾杜甫。那段时间，可以说高適给了杜甫“岁月静好，现世安稳”。

待到杜甫安定下来，又拉着好哥们儿一同畅饮“重碧酒”，作为中国浓香白酒典型代表的延续，如今的五粮液拥有窖池3.2万余口，其中最老的明初古窖池从1368年连续生产，已有654年历史，成为中国现存最早的地穴式曲酒发酵窖池。

三人之中，唯有高適大器晚成。他后来在大大小小的战争中屡立战功，从一个诗人终成一代名将。

《旧唐书·高適传》说：“有唐以来，诗人之达者，唯适而已。”

一“达”字，道尽了高適晚年奇迹般的逆袭人生，也写出了他豁达旷达的性格。

也许人生就是这样，有酒的时候，大口喝酒，有朋友的时候，幸福相聚。

茫茫人海中，也许会走散，也许有起伏，但是历史不会忘记，群星璀璨的唐朝，曾有三个伟大的诗人，和他们的“锵锵三人行”。

Tips • **范成大为宜宾酒改名**

南宋时，大诗人范成大曾在宜宾品尝当地美酒“姚子雪曲”，在了解姚子雪曲前身重碧酒曾被杜甫赞叹过后，挥笔写下“东楼锁江两重客，笔墨当代俱诗鸣。我来但醉春碧酒，星桥脉脉向三更”的诗句，并为其做注解：旧名“重碧”，取杜子美东楼诗“重碧拈春酒”，余更名为“春碧”，语意更胜。

直接被保送的那些唐朝诗人

文 / 九公子的浪

一

公元 729 年，一位名叫孟浩然的湖北人在长安的街头徘徊，查看科举成绩。

长长的榜上，没有孟浩然。

这一年已是不惑年纪的他依旧很迷惑。他心中暗暗不爽：这两年，王昌龄、崔颢、储光羲……全都考上了！就我没有……连王昌龄都考上了！他不过是个苦出身，边种地边复读，我好歹书香门第啊，究竟差在哪儿！

实在是气不过，孟浩然转头发了个朋友圈，言简意赅——我落榜了！

没过 2 秒，李白评论：考什么考，我要保送。

王维也评：哥们儿，别考了，以我等才学，必须保送。

孟浩然想了想自己的这两个哥们儿，暂时忘却了落榜的悲痛，转而陷入不解：

这两个同是属牛、701 年出生、都喜欢写诗、同要保送的人，给他们组织过那么多酒局，为什么两人就是做不成朋友？见面连一句“久仰久仰”的客套话都没有，真是百思不得其解。

二

两年后，王维在公主府上，果真靠一曲《郁轮袍》被保送。

他是怎么做到的呢？

这一年王维 30 岁，还没有之后那么佛系，凡事都得争个输赢，认为除非不考，要考就得拿头名。

可不巧，当年的考生竞争很激烈，最被看好的是张九皋，秘书少监张九龄的亲弟弟。

更要命的是，他还得到了玉真公主的青睐，已被京兆府的主考官内定为解头（唐代各州中送举子赴京应举称解，解送单上第一名称为解头）。鉴于京兆府的实力，自然也就成为次年的全国状元了。

王维不忿，就去找唐玄宗的弟弟岐王。岐王让王维装扮成乐师，混入公主的府上。

献进酒乐时，王维演奏了一首琵琶曲《郁轮袍》，一曲奏罢，全场掌声雷动，玉真公主更是激动得站了起来。

玉真公主看着面前犹抱琵琶面庞洁白的帅气书生，还有点害羞，问道：“你除了琵琶，还有别的什么才艺吗？”

“我还会写诗。”

公主暗喜。

那时候可是唐朝，所谓的“会写诗”，可比如今有车有房还要风光。

犹抱琵琶的帅哥当场脱口而出：

“红豆生南国，春来发几枝，愿君多采撷，此物最相思。”

玉真公主热泪盈眶，脑子里哪还有什么张九龄、张九皋。

看时机成熟，岐王便说明来意：“若此人为官，那将是为国家做了一件好事。”

公主说：“那就让他参加考试吧。”

岐王接着说：“这位考生如此有才，如果不让他当解头，他是不会参考的。可听说您已经将解头推荐给了张九皋。”

公主笑着说，她也是受人之托。答应只要王维愿意参考，她将为王维的解头之名尽力。

事后，公主果然让婢女传话，将京兆府主考官召到府中，把解头换成王维。

王维就这样挤掉张九皋，被保送成了解头，一举登第。

顺便说一句，那个被他“黑掉”的才子张九皋，虽没当成状元，但后来也当了大官。

三

王维在长安如日中天的时候，他的同龄人李白，还在外地修仙、挖矿，不务正业。

742 年正月，唐玄宗一纸诏书驱使李白收拾行李，赶赴长安。

我，李白，也等到机会被保送了。

唐玄宗的诏书是这么写的：前资官及白身人有儒学博通、文辞秀追及军谋武艺者，所在具以名荐。

大概意思就是：有志之士，不论出身，但有所长，均可举荐。

这可把李白高兴坏了。可是由谁来举荐自己呢。

为了顺利保送，他结交了五花八门的朋友，有前辈大腕贺知章，当朝权贵崔宗之、韩朝宗，还有一些搞不清楚来历的怪人，比如号称“相门之子”的岑勋、神神道道的隐士元丹丘。

但最后帮了李白的还是玉真公主。

当玉真公主读到李白写的《玉真公主词》时，激动得跳了起来，感觉遇到了第二个王维。

742 年秋，李白保送成功，被唐玄宗召唤入京，供奉翰林。

他一度受到超高规格的待遇。

他最红的时候，皇帝“御手调羹以饭之”，要知道，唐玄宗可都没给杨贵妃喂过饭。

不过玄宗召李白入京，主要是把他看作写诗娱乐的御用文人，并非想让他成为朝廷栋梁。这和李白想象的出将入相、辅佐君王完全不一样。他对这种生活日渐厌倦，日日纵酒，狂傲的性格也得罪了不少人。

最终，在权贵们的谗言下，一年不到，李白就被玄宗嫌弃，被“买断工龄”，遭到了体面的解雇。

24 岁的李白出蜀，沿着岷江南下入长江，万里长江第一城的宜宾当时码头经济繁华，商业贸易往来不绝，酿酒业也十分发达，正流行一种春酒，其中最为出名的是“重碧酒”，由多种粮食酿造而成，颜色碧绿、香醉四方。李白的“老粉”杜甫曾写下“重碧拈春酒，轻红擘荔枝”来夸赞它。爱酒如命的李白下江南时途经戎州（今四川省宜宾市）一定尝过宜宾当地美酒重碧酒，带着故土的酒香与对美好前途的憧憬，一路向东追寻理想。现实用“保送”给李白一个希望，再用“赐金放还”亲手击碎他的梦想，却一点也不妨碍他写的诗句名留千古，带给世人无尽的遐想，他品尝过的酒也被传承千年并发扬光大，曾经的“重碧酒”，如今的“五粮液”，仍然在为人们的美好生活贡献力量。

四

唐朝的科举制度怎么就这么不严谨，动不动能保送？

实际在我国科举史上，唐代还处于初级阶段。

相关的规章还很不完善，朝廷的重视程度远不如后来的宋明清诸朝。

大唐虽开辟了考试入仕这条路，却并未将科举取士当作主要的官员来源。

据记载，公元 702 年，一次授官就达“百余人”，取进士仅 21 人；次年“增置员外郎二千余员”，取进士仅 35 人，保送之风可见一斑。

所以，唐朝的年轻人想要出人头地，把功夫花在考场之外，也就不足为怪了。

Tips · **酒桌文化传承不息**

在宜宾，酒桌文化传承不息。宜宾城郊的东汉石刻画像《厨炊宴饮图》中，屋右二人席地而坐互相对饮，两人之间只有一个矮小的“几”。秦汉时，人们采用的是铺席于地以为座，“跪坐”在席上饮酒进餐；隋、唐时期出现了高桌；宋代出现了“交椅”；明清时期，叙州府民间的桌、椅、凳基本定型。

如今，在五粮液十里酒城酒圣山顶的日月官大殿内，有一直径 8 米的特大圆桌，可供 56 人围坐宴饮，寓意中华 56 个民族大团结，号称“西南第一桌”。

唐诗的崛起：
一场小人物的星火燎原

文 / 九公子的浪

贞观七年（633 年），夜，太极宫内，烛灯映照下，李世民的脸慢慢浮现潮红。

别误会，他没喝酒，只是在看两首诗——《咏内人昼眠》《美人晨妆》，作者是萧纲，隋朝的宫廷诗人。

“太艳俗了！太变态了！除了朱唇、舞腰、衣领、绣鞋、枕席……诗的内容就没别的可写了吗！”

再翻翻其他的宫廷诗集，李世民更是怒不可遏，夜召秘书监虞世南。

“虞爱卿，大唐始建，百废待兴。首先文坛就得改革，齐梁绮靡的艳诗，该整顿啦！”

“陛下所言极是，微臣也感前朝所推宫体诗，皆是浮艳绮靡之调，我们应该文艺复兴！”

当晚，李世民在《帝京篇序》写下了“庶以尧舜之风，荡秦汉之弊。用咸英之曲，变烂漫之音”的改革方法。

李世民就这样带着他的一众权臣：虞世南、魏徵、颜师古、李百药、上官仪……高举出“雅正诗风”的大旗。

然而，这次以帝王主导、以宰相等高级领导干部为主力的文风改革，无论如何开大会、作讲话、发文件、树典型，还是收效甚微。

别担心，大人物搞不成的事，最后被几个小人物给搞成了。

“伴读”王勃

公元668年，沛王府悄悄差人给英王送了一封斗鸡战书——《檄英王鸡》。

此骈文战书句句精妙，引得英王宫内争相抄录传阅，“两雄不堪并立，一啄何敢自妄？”“血战功成，快睹鹰鹯之逐”“雌伏而败类者必杀，定当割以牛刀”。

世上没有不透风的墙，此事很快被唐高宗知道，他勃然大怒，“老子平生……不对，朕平生最恨人斗鸡，他们不知道吗？”

宫人连忙宽慰，“陛下息怒，或许沛王只是受人蛊惑，想必就是兄弟间的玩乐。”

“哼！皇家兄弟间哪能有玩乐，皇家兄弟间哪能随意下战书？先帝当年在玄武门……他们都忘了吗？”此文显然触碰皇家禁忌，“传朕口谕，将此文作者驱出王府，永不再用”。

此刻，《檄英王鸡》的作者王勃还在王府内优哉游哉地喝着专供宫廷的重碧酒，时任沛王府“修撰”，实际上就是沛王李贤的伴读书童。

王勃自幼才华过人，两年前科试及第，官从七品。他从连接晋陕峡谷的古道渡口走出，离开慈母严父的教诲，步入帝国中心长安，本以为未来官运亨通，没想到一篇斗鸡文让他的梦全碎了。

也许，这是命运刻意安排。

骚年，宫廷笔杆子不适合你，你要离开长安，游历大江大河，开辟唐诗的新时代。

“入蜀”是王勃文化觉醒的开端，也是唐诗的开辟之旅。

在山势险峻的蜀州，沿途他感受到壮丽山川的感召。追随着内心的感受，不禁叹出“嗟乎！山川之感召多矣，余能无情哉？”

蜀地自古产美酒，戎州（今四川省宜宾市）以四种粮食酿制的美酒“重碧酒”味道尤佳，“重碧酒”即为世界名酒五粮液的前身。据说，王勃每次写文章时，先研磨调制好数升墨汁，然后取酒酣饮，等喝得差不多了，就钻进被子里，醒来时拿起笔一挥而就，一字不改。

蜀地美酒让王勃写诗灵感迸发，登高望远时，写出具有诗情画意的“况属高风晚，山山黄叶飞”；面朝一江春水，咏出清丽自然的“江旷春潮白，山长晓岫青”。

王勃至今现存以赋为名的大作共12篇，其中6篇作于游蜀过程中。他全然忘记了多年长安宫廷诗文的教条，直抒胸臆“悲凉千里道，凄断百年身”。

在蜀地，王勃还遇到了一个人，他谈吐不俗，出口成诗，他叫——卢照邻。

“办事员”卢照邻

王勃看到的卢照邻可不是来旅游的，他刚刚从益州新都县尉职位下岗，踟躇于蜀州。

一样的少年经历，一样的坎坷仕途，一样的极致浪漫，一样的热爱蜀州，卢照邻和王勃一见如故。

“我要知道蜀州这么美，我早不在长安待着了。”王勃说。

“老弟，这不是我第一次入蜀，十年前我就来过一次。”卢照邻说。

卢照邻没有吹牛。

弱冠之年他进入邓王李元裕府中担任典签。此后十年间，邓王辗转多地任职，在此期间，卢照邻有了他的第一次入蜀经历。

那年，23 岁的卢照邻到了司马相如的家乡——琴台，写了一首《相如琴台》，“闻有雍容地，千年无四邻。园院风烟古，池台松槚春。云疑作赋客，月似听琴人。寂寂啼莺处，空伤游子神”。

看！唐诗的江湖已经翻腾起来，新的创作风格悄然生长。

那年，千里迢迢来蜀州，卢照邻还为邓王的姐夫、驸马都尉、益州长史乔师望的文集作序。

卢照邻这篇《驸马都尉乔君集序》确实好，从周文王、孔子以来的文化兴衰一路讲起，周室衰落，礼崩乐坏，到战国时代，诸侯残杀，天下变成战场，到秦灭六国，废先王之道，代以愚民之政，焚书坑儒，摧残文化……其境界格调自非宫廷诗人所能望背。

蜀地风物，自古奇绝，以“重碧酒”为代表的蜀地美酒更令诗人们流连忘返。王勃和卢照邻的诗文创作皆受蜀地影响，不但开创了初唐的雄健诗风，更开启了诗人向往成都的先例。此后，杜甫、陆游、范成大等诗人皆以到蜀地为荣，让中国文坛留下了“自古诗人例入蜀”的千古佳话。

王勃和卢照邻相遇的这一年，还有一件大事发生：朝廷要“选秀”，各地英才，皆聚长安。

王勃和卢照邻相视一笑，各自驱马赶赴长安。

此时此刻，在长安，有一个人等着与他们相会，他就是——杨炯。

“文员”杨炯

“宁为百夫长，胜作一书生”，唐朝的历史上，有一个人曾经发出过这样一声巨吼，他想当连长！这个人就是杨炯，此声巨吼如此豪气。

但杨炯终其一生，都在做文员。他 10 岁即举神童，27 岁应制举及第，31 岁充崇文馆学士，可是在他内心深处，却极其渴望弃笔从戎，驰骋沙场，策勋扬名。

尚武轻文的杨炯对唐诗的贡献完全是无心插柳。

豪气满天的杨炯脑子里怎会有齐梁诗的儿女情多、彩丽竞繁？他的诗文慷慨昂扬，一扫绮罗香泽之态，摆脱南朝诗风的羁縻，重拾汉魏风骨。

公元 671 年，王勃、卢照邻、杨炯都在长安铨 [quán] 选。

当时的他们肯定不知道，还有一个人在来京的古道上，向他们进发。

这个人是——骆宾王。

“囚犯”骆宾王

骆宾王创造了一种专属于中国人的、对于鹅这一生物的条件反射。

看到鹅，能不能立即吟出那句“鹅，鹅，鹅，曲项向天歌”，是检验是否为中国人的标准之一。

如此脍炙人口的诗句，是骆宾王 7 岁所作。

公元 671 年，王勃、卢照邻、杨炯、骆宾王四大才子相聚长安，这是何等盛景！恐怕只有 70 年后的李白、杜甫、高適同游梁宋的“三星相汇”才能与之媲美。

四人相聚，必定是诗酒唱和、彻夜长谈，惺惺相惜的情愫皆迷醉在这重碧美酒里。

在这四人中，骆宾王最具有传奇色彩，故事也最多。他天生一副侠骨，好打抱不平。卢照邻在四川抛弃了一位郭姓女子，他听闻后也是要管一管的，帮痴心女子声讨负心汉的事他做过很多。

胸有侠骨的骆宾王是不甘心当文学家的，他想干一番大事业。可现实中他却处处碰壁，辞职、流放、参军、赌博、坐牢……

为了混口饭吃，骆宾王曾委曲求全当了个从八品的小官。刚刚要升职，又被捕入狱。尽管他精力充沛才气过人，关在牢里也只能发出哀吟：

西陆蝉声唱，南冠客思侵，
那堪玄鬓影，来对白头吟；
露重飞难进，风多响易沉，
无人信高洁，谁为表予心。

——《在狱咏蝉》

出狱之后，他也不甘寂寞，折腾来折腾去终于闹到造反的地步。

他还帮“叛军”写了那篇著名的战斗檄文《讨武曌檄》。

据说，武则天读到这篇文章时，虽然气愤，但是生气的点却不在于檄文的内容，而在于“如此英才，竟然没有被网罗到我的手下！”

骆宾王是个愤青、是个囚徒、是个战士，这样的他是没有资格写宫体诗的，于是更多地描绘江山风物、社会人生，诗坛从此不再千人一面。

不知道是历史的哪一个瞬间，王勃、卢照邻、杨炯、骆宾王组合出了道，他们的组合名就叫“初唐四杰”。

他们如此相似，又风格各异。好像刚刚商议完不按套路，就四下里散开，从此唐诗百花齐放，进入旖旎的胜境。

唐初，大人物搞不成的事，最终被这几个小人物无心插柳地搞成了。

当时，他们以为自己身处黑暗之中，毫无光亮。

可在诗歌的长河中，就是他们那几点星星之火，渐渐地，使越来越多的人不自觉聚拢过来，点点星火燎成漫天火海。

Tips · **八大古酒坊奠定五粮液基石**

酒厂的前身大多数都是一些古酒坊传承合并而来的。五粮液集团的前身就是由长发升、利川永、张万和、钟三和、刘鼎兴、天锡福、听月楼、全恒昌8家古代酿酒作坊联合组建而成，其中以长发升和利川永最为著名。

长发升酒作坊，清代名叫“叙府尹长发升大曲烧房”，建筑布局是“楼下经营，楼上住人”的典型结构。长发升酿造的“提庄曲酒”“曲泡”，在清代已较为知名。“利川永”作坊的前身叫“温德丰”，清末由邓子均等立契约合伙租赁承接后，将其更名为“利川永”大曲作坊。

宋太祖赵匡胤：何以佯醉治天下？

文 / 九公子的猫

未离海底千山墨，才到中天万国明。
朗朗浩浩照长夜，掩尽微微无数星。
滔滔宏愿因之起，挺躯来济苍生灵。
恒持此志成永志，百战问鼎开太平。

这首诗艺术水准不怎么高，但写手的身份却封了顶。

第一句是大宋开国皇帝赵匡胤所作，后三句是大明开国皇帝朱元璋所续。

穿越 400 多年搞互动，不是老朱太骚情，而是老赵埋藏了太多秘密……

大三国时代的文人梦

《宋史·太祖本纪》记载，赵匡胤“既长，容貌雄伟，器度豁如，识者知其非常人”。

简单翻译就是，少年赵匡胤头脑简单四肢发达，跆拳道黑带选手的既视感，拳头在手天下我有，是不折不扣的武将范儿。

但就是这么一个五大三粗的壮汉，骨子里却是个不折不扣的文学爱好者。

《宋史》记载，当赵匡胤还是后周大将时，曾被人告发私吞好几车财宝。后周世宗命人调查此事，结果发现箱子里装的竟然全是书。

当了皇帝的赵匡胤忙于政务，仍喜读诗书，只是苦于一直没有创作灵感。

一日，月半时分，赵匡胤出门散步，忽见明月当空，月朗星稀，顿时灵感闪现，蹦出两句诗来，“未离海底千山墨，才到中天万国明”。

只可惜，绞尽脑汁，总也想不出好的诗句接上，就这样，这首《咏月诗》只有半首。直到400多年后，朱元璋一番思索、推敲后给续上了。

赵匡胤不仅喜爱读书，还特别喜欢文人。

《宋史纪事本末》记载，赵匡胤对宰相赵普说：“五代方镇残虐，人民深受其害。朕欲选干练的儒臣百余人分治大藩，即使都贪浊，也比不上一个武人。”

赵匡胤认为，让文人当官比用武人当官安全得多，更谈不上会危及政权根本。

整个宋朝，文人地位都非常高，欧阳修、范仲淹、司马光、王安石等大文豪都官居高位，工资待遇更是其他任何朝代不可比拟的。

爱屋及乌，赵匡胤还立下了“不杀士大夫”的著名祖训。

虽然在宋朝当皇帝是个苦差事，一不留神还会被金兵掳走做苦役。

但在宋朝当知识分子可是非常幸福的，可以知无不言，言无不尽，犯了天大的错误，顶多就是被流放，权当旅游了。

不管赵匡胤是怎么想的，反正最终是出台了一系列政策、制度，从此以后重文轻武成为了宋朝的社会风气。

真龙出世　美酒定姻缘

927 年，赵匡胤出生在一个军人家庭。

其父赵弘殷，是后梁官二代，骁勇善战，戎马一生，后周时期，与儿子赵匡胤分掌禁兵，荣耀一时。

《宋史·太祖本纪》记载，赵匡胤出生时，“赤光绕室，异香经宿不散。体有金色，三日不变”，可谓一出生便自带光环。

由于出身将门，小赵自小混迹于军营，骑马、舞刀、弄棒，把酒言欢，战友遍地。

赵匡胤一生与酒的缘分着实不浅。

他的结发妻子贺氏，是护卫武官贺景思的次女。贺景思与赵弘殷是同袍，赵匡胤自幼便与贺氏青梅竹马，经常在一处玩耍。

贺家有一种自酿的家酒，非常香甜可口，赵匡胤经常去她家喝酒，醉翁之意不在酒，喝着喝着，贺氏便成了他的结发妻子，从此情系一生，至死不渝。

然而贺氏体弱多病，红颜薄命，没能与他白头到老。当了皇帝后，赵匡胤思念爱妻，忆及往昔，下旨向贺家索要这种酒，并赐名“鉴湖春”。

赵匡胤一生作诗一首半。那首除了和朱元璋穿越合作之诗外，另一首就和酒有关了。

《藏一话腴》记载，一次，赵匡胤和几个朋友聚会，喝到嗨处，只见平日里醉酒好斗的赵匡胤浓眉倒竖，怒目圆睁，厚唇一动，喷着酒气竟吟出一首诗来——

太阳初出光赫赫，千山万水如火发。

一轮顷刻上天衢，逐退群星逐退月。

——《咏初日》

赵匡胤以红日初升自喻将割据势力，比喻为群星残月并以红日逐退星月，普照大地，象征自己铲平割据、统一天下的雄心壮志。

这首《咏初日》虽然写得不咋样，不对仗也不工整，但人家牛就牛在居然醉话成真了。

彼时，后晋灭亡，后汉继立。中原一带，屡遭辽兵蹂躏，天下百姓处于水深火热之中，民不聊生。

21 岁的赵匡胤告别家人，浪迹天涯四海为家，寻找属于自己的事业。他先后去了华北、中原、西北的很多地方，都没有什么成就，直到 949 年机会出现。

那年，后汉隐帝刘承祐见有人造反，便命顾命重臣郭威为招抚安慰使，并把西边军队的指挥权都交给了他，命令他去修理一下那些不服之人。

无巧不成书，北上途中的赵匡胤，遇到了正领兵在河中（今山西永济）平叛的郭威，于是投到了郭威旗下。

郭威见其相貌堂堂、体格魁梧，又是将门之后，甚是喜爱，便邀赵匡胤共饮，留他一同西征。

这顿酒称得上是历史性的。日后这两人，一个是后周王朝的建立者，一个是大宋的开国之君。

“云从龙，风从虎，圣人作而万物睹。”在中国历史上，这样的风云际会，恐怕也是绝无仅有的。

黄袍加身　佯醉登皇位

951年，郭威发动兵变称帝，史称后周太祖。然而运气不佳，没几年，病重难治，皇帝的宝座交到了养子柴荣手中。

彼时的赵匡胤在战场上屡建战功，深得柴荣信任，柴荣将天下兵马大权全都交给了他。

当然，柴荣还在世的时候，赵匡胤自然是不敢妄动的。柴荣死后，幼主即位，赵匡胤的皇帝梦就蠢蠢欲动了。

960年正月初三，赵匡胤率大军出了东京城（今河南开封）。大军刚离开不久，东京城内就谣传赵匡胤乃真命天子。

行至陈桥驿（今河南新乡市封丘县），一顿酒局之后，赵匡胤“醉卧，初不省”。

小伙伴高怀德和赵普一唱一和地给众将领“洗脑”：主上年

幼，太后一介女流之辈什么都不懂，倘若如此下去，天下大乱啊，这可如何是好呢？

被点拨的众将领恍然大悟，小皇帝不行，咱们换个行的呀。

第二天一早，“醉酒”的赵匡胤被将士们震耳欲聋的高喊声惊醒。将士们蜂拥而上，把一件金灿灿的皇袍披到赵匡胤身上，高呼“万岁”。

“酒醒后”，赵匡胤“生气地”批评众将领：“你们为了荣华富贵，推我上高位，这是万万不可的，除非你们答应我不为荣华富贵为非作歹，多为百姓谋福利！”

众将领自然是诺诺连声，于是赵匡胤裹紧龙袍，登上了帝位，开创了大宋王朝 300 年基业。

在我国历史上，有两次真正的大分裂，一次是南北朝，一次是五代十国。作为五代十国的终结者和大宋王朝的开拓者，赵匡胤绝对是承前启后的 C 位人物。

赵匡胤一生最大的成就在于重新恢复了华夏主要地区的统一，真正结束了“安史之乱”以来长达200年的诸侯割据军阀乱战的局面。

在他的努力下，使饱经战火之苦的民众终于有了一个和平的环境，使得社会进步、经济发展、文化繁荣。

赵匡胤在位17年，《宋史》评：“遂使三代而降，考论声明文物之治，道德仁义之风，宋于汉、唐，盖无让焉。乌呼，创业垂统之君，规模若是，亦可谓远也已矣！”

杯酒释兵权

创业容易守业难。

皇帝之位坐稳后，赵匡胤又想，如何才能让赵宋王朝长治久安呢？为了这个问题，赵匡胤是寝食难安。

他将这忧虑透露给宰相赵普，赵普建议全面收回将领们的兵权，让兵权集中在皇帝手中，以免将领功高震主。

赵匡胤是经历过五代十国战乱之人，深知这套方案确实可行。

于是，在一个月黑风高的晚上，计谋开始施展——

961年7月的一个晚上，赵匡胤在宫中宴请众武将，石守信等在南北征战中立有大功的功臣们皆在座。

酒过三巡，赵匡胤愁容满面，开始唉声叹气。

“朕要不是有你们，也当不了这个皇帝，但是做皇帝也有做皇帝的难处啊，不瞒各位说，这一年多来朕没睡过一个好觉。”

众人惊问皇上有何苦恼。

都是哥们儿，也就不见外了：“你们说朕这个位置，谁不眼红啊？”

石守信等人赶紧下跪说，我等可不会有异心。

“你等都是朕的亲瓷器，当然不会有异心，但是你们的手下……硬是把龙袍披在你们身上，那就由不得你们了。”

石守信等人吓出一身冷汗，纷纷求皇帝给指条活路。

《宋史（二十五）》这样写——

帝曰：人生驹过隙尔，不如多积金、市田宅以遗子孙，歌儿舞女以终天年。君臣之间无所猜嫌，不亦善乎。

守信谢曰：陛下念及此，所谓生死而肉骨也。

明日，皆称病，乞解兵权，帝从之，皆以散官就第，赏赉甚厚。

这是先用情感动你，再用钱砸晕你哈。于情于理于利的诱惑谁又抵挡得了呢？

一杯酒，一个国。不伤君臣和气又解军权危机。厉害了，我的君！

神一般地崛起　谜一般地落幕

976年11月14日，正值50岁盛年的赵匡胤突然驾崩，留下“烛影斧声”的历史悬案。

正史中找不到关于赵匡胤死亡的明确记载。

《宋史·太祖本纪》中的有关记载也只有两句：“帝崩于万岁殿，年五十”“受命杜太后，传位太宗”。

《湘山野录》记载，那天，天气极为寒冷，赵匡胤急唤弟弟晋王赵光义入寝宫，并斥退旁人，只留下兄弟俩自酌自饮。

酒过三巡，夜已深，赵匡胤见晋王赵光义总是畏畏缩缩，一副很害怕的样子，自尊心作祟的他竟有几分得意。见殿前雪已经积厚，便用玉斧刺雪，还不时对弟弟说“好为之”。

当天晚上，弟弟赵光义住在了皇宫中。第二天天还未亮，禁宫里便传出赵匡胤已死，赵光义按遗诏，即皇帝位的消息。

对此事，后世议论不一。

一说赵光义谋害太祖篡位；又说太后杜氏去世前与太祖、赵普立下“金匮之盟”，定下太祖去世后由其弟光义继位，所以当时只是太祖向晋王嘱咐后事，并非赵光义行篡逆之事。

作为皇帝，赵匡胤宽仁大度，好学勤政，严于律己，崇尚节俭，以身作则，极具人格魅力，拥有大批粉丝，迷弟迷妹们更是对他赞赏有加。

苏轼@赵匡胤：予观汉高祖及光武，及唐太宗，及我太祖皇帝，能一天下者四君，皆以不嗜杀人者致之，其余杀人愈多，而天下愈乱。

爱新觉罗·弘历@赵匡胤：吾于开创之君，独以唐太宗、宋太祖为不可及焉。

孙承恩@赵匡胤：宋祖龙兴，仁厚建国。笃尊圣道，式着君德。慎狱恤民，惩奢塞源。身端化本，大哉王言。

程颐@赵匡胤：太祖之有天下，救五代之乱，不戮一人，自古无之，非汉、唐可比，固知赵氏之祀安于泰山。

赵光义当皇帝没多久，赵匡胤的两个儿子一个自杀一个离奇死亡。

纵观宋朝历史，一个有意思的现象是，北宋的 9 位皇帝，除了开国皇帝赵匡胤，其余都是赵光义一系。而南宋的 9 位皇帝，除了第一位皇帝赵构，其余都是赵匡胤一系。

皇位怎么在南宋又回到赵匡胤一系呢？

话说到了北宋末年，赵匡胤的后代很多人都几乎沦为平民，皇位与他们早已彻底无缘，但是偏偏在这个时候发生了“靖康之变”。

宋徽宗、宋钦宗以及赵光义一系的后代几乎被金朝一网打尽，唯一的漏网之鱼是宋高宗赵构。他逃到江南，建立了南宋，当了几十年的皇帝。

赵构没有生育能力，于是选了赵匡胤的第六世孙为养子，也就是被后世认为南宋最有作为的皇帝宋孝宗赵昚。

翻看宋代版图，辽、夏、金不再是大宋周边附属性的民族政权，而是成长为在政治、军事、经济诸方面都能够与宋王朝长期抗衡的少数民族王朝。

在纷争不断的大三国时代，宋朝这只文弱肥羊，面对彪悍的异族豺狼，只能每天叫爹又叫娘地过日子，靠着家大业大不差钱的土豪做派，每年送钱不断，竟也繁荣发展了 300 多年。

虽然宋朝的皇帝们过得有点憋屈，但是百姓的日子还是过得非常富足的。

史书记载，宋朝的财政收入最高达到 16000 万贯文 / 年，即便是在北宋中后期也有 8000 万贯—9000 万贯文，失去半壁江山后的南宋，财政收入也高达 10000 万贯。

鼎鼎大名的明朝财政收入不到北宋的 1/10，不到南宋的 1/6。直到满清末年，财政收入才勉强达到宋朝的水平。

宋朝是少见的商业驱动型政府。酿酒业和房地产业是其两大经济支柱产业。

自赵匡胤起逐步放宽酒禁，实行专利榷酒政策，鼓励多酿多销。宋神宗熙宁十年（1077 年），全国酒税达 1370 万贯，而同年的商税为 1170 万贯。

据说在宋朝，连沙漠地区都有酒肆，更别提都城开封“彩楼相对，绣旆相招”之盛况了。

这么一个诗酒繁华的朝代，酿造技术也是空前发达。当时盛行一种身形修长、丰肩短颈的酒器，宋朝时叫“经瓶”，明朝之后称“梅瓶”。家家户户用梅瓶盛酒，这种代表中国传统艺术美感的瓶形一直被传承到现代。2020 年 10 月 30 日，中国浓香白酒的典范品牌五粮液再次发扬了这种梅瓶的酒器造型，发布了一款经典五粮液，通过致敬经典，致敬工匠精神，来弘扬中华优秀的传统文化。

除了梅瓶的经典形象被传承下来之外，北宋时期流行的一款“姚子雪曲”也被承继至今。当时的戎州（今四川省宜宾市）酿酒业发达，姚家私人酿酒作坊采用大米、高粱、糯米、荞子和蜀黍五种粮食酿造“姚子雪曲”。这种多粮酿造的白酒香气四溢、口味均衡，迅速在当地流行开来，并享誉全国。北宋名家黄庭坚彼时正在戎州任官职，写诗赞誉其色泽“得汤郁郁，白云生谷”，赞其口味“清而不薄，厚而不浊。甘而不哕，辛而不螫”。

尽管在宋朝300多年的历史中，对外长期积弱，但它在物质和精神文明方面的成就突出，在各项制度上的独到见解，对人类文明发展的突出贡献，使其无愧为中国历史上经济繁荣、人民富足的辉煌阶段。好似“姚子雪曲”到如今的“五粮液”，虽已过去千年，但北宋所遗留的物质文化遗产仍然在人们生活与劳作中熠熠发光。

美国历史学家勒芬·斯塔夫罗斯·斯塔夫里阿诺斯在《全球通史》中曾评价宋朝为“黄金时代”。

开创这个盛世的，正是宋太祖赵匡胤。

Tips • **五粮液“陈氏秘方”传奇**

五粮液（杂粮酒）的配方，是陈三烤酒师的祖人传下来的，其祖人先在宜宾经商，后作曲酒，也作过杂粮酒，配方一代一代相传。每代传秘方时，都是师傅在临死选择一个忠实可靠的徒弟口传与他，这就是五粮液前身杂粮酒的“陈氏秘方”。配方原料是荞子、黍、大米、糯米、高粱，比例是“荞子成半黍半成，大米糯米各两成，川南红粮凑足数，地窖发酵天锅蒸”。后经过五粮液酒厂技术员刘沛龙改进，荞子用小麦取代。

千年网红苏东坡：朋友圈里最暖的那个

文 / 九公子の桐

1079 年冬，开封府御史台监狱，寒风刺骨。

42 岁的苏轼落寞地坐在监狱中，看窗外柏树森森，听乌鸦悲啼。

100 天前，他还是篇篇爆款的文坛红人、政绩卓著的明星市长，没想到一夜之间，因几篇诗文沦为阶下囚。

在被押往开封府的路上，他曾想学前辈屈原跳江自杀；入狱后，他偷偷备了毒药，打算在得知要被处死的消息后，服毒自杀。

转机发生在一个夜里。那天晚上，苏轼正在睡觉，迷迷糊糊听到有人进了囚室，躺到自己身边。死心已备的苏轼毫不介意，翻了个身接着睡。凌晨 3 点多，新来的“犯人”忽然把他摇醒，对他耳语一句“恭喜苏学士”后便扬长而去。

来人正是宋神宗派来的小太监，他见苏轼被关大狱还能呼呼大睡，说明心底坦然，当夜向神宗如实作了汇报。

终于，在被关押了 130 天后，圣谕下发，苏轼重获自由，但也丢官降职，从湖州（今浙江湖州）市长贬为黄州（今湖北黄冈）

人民武装部副部长，无“签单权”。这个案子史称“乌台诗案”。

最适合交朋友的“有趣灵魂”

出狱那天晚上，乐天派苏轼几杯酒下肚，忍不住提笔写道，“却对酒杯浑似梦，试拈诗笔已如神。此灾何必深追咎，窃禄从来岂有因”。

写完，苏轼暗骂了自己一句，真是好了伤疤忘了疼，不可救药。

“乌台诗案”是苏轼遭遇的第一个劫难，却不是最后一个。在人生的后 20 多年中，他陷于新旧党争，流放 12 年，病死在获释北返的路上。

磨难没有击垮苏轼，反而将他磨砺出耀眼的光芒，让他的作品长存澄澈豪健的浩然之气，让他的人格绽放旷达、真挚、正直的精神光辉。

林语堂曾说，苏轼留给我们的，“是他那心灵的喜悦、思想的快乐，这才是万古不朽的”。

假如跟李白做朋友，他会成天找你喝酒炼丹，动不动把你的车马、外套、包包拿去抵酒钱；

假如跟杜甫做朋友，他一天到晚苦哈哈的，给你写首诗，不是借米就是借钱；

跟苏轼同时代的大咖王安石做朋友，无趣，包拯请他喝酒他都滴酒不沾，袖子还油腻腻脏兮兮的；

要是跟那个砸过缸的司马光做朋友，无聊，他有“道德洁癖”，在他跟前说错个话，可能就影响仕途。

所以，像苏轼这样的人，最适合交朋友，也是朋友圈里最暖的。

不管境遇如何，他三天两头就晒美文、美景、美女、美食；找他写点东西、题个字、画张画，他几乎来者不拒；约他喝酒，也不会担心被他灌，三两杯酒他就醉眼蒙眬了。

最关键的是，除了找他弟弟苏辙外，他很少找朋友借钱。

苏轼开朗乐观、至情至性、温暖宽容、讨人喜欢，实在是“千载难遇的有趣灵魂”。

超级学霸　北宋百年 NO.1

苏轼，1037 年出生于四川眉山的一个诗书之家。

轼，是车上最不起眼却不可缺少的零件——车前扶手。父亲苏洵为儿子取名“轼”，是希望他安守本分，做一个有才华却不锋芒毕露的人。

是金子总会发光，苏轼这样的灼灼才华，也是藏不住的。

1057 年，年仅 20 岁的苏轼来到京城开封参加科考考试。主考官是文坛领袖欧阳修。

欧阳修对着苏轼的答卷《刑赏忠厚之至论》赞不绝口，“欲取为第一人”。

又怀疑文章这么好，一定是自己的学生曾巩所写，“恐招物议”，于是给文章点了第二名。

没想到发榜后，曾巩既不是第一也不是第二，能写出天下第一文章的是四川小伙儿苏轼。

欧阳修说：“读轼书不觉汗出，快哉！老夫当避此人，放出一头地。”逢人便夸：“此人可谓善读书，善用书，他日文章必独步天下。”

少年苏轼一举成名。

其实，对学神苏轼来说，一切才刚刚开始。

3 年后，苏轼通过北宋最高级别最高难度的制科考试，被皇帝定为最高等级第三等。

在两宋 300 年历史中，制科考试只录取 41 人。在苏轼之前的 100 年里，只有一个叫吴育的读书人被点为次三等。凭借绝世才华，苏轼成为北宋百年 NO.1。

23 岁的苏轼，实力践行了张爱玲的名言“出名要趁早”。而随着文艺素养的不断加深，诗、词、书、画、文样样精通的他，凭借一身的艺术“细菌”成为当之无愧的文坛领袖。

苏轼一生共作文 4800 多篇、诗 2700 多首、词 300 多阕，数量居北宋文学家之冠。

苏轼的散文汪洋恣肆，代表宋代散文最高成就，他名列“唐宋八大家”；

苏轼的诗歌奠定了宋诗风貌，将宋诗推向高峰，他是北宋诗坛第一大家；

苏轼改革词体，从根本上改变了词史的发展方向，并留下《念奴娇 · 赤壁怀古》《水调歌头》等千古绝唱；

苏轼的书法因用墨丰腴、结字扁平被黄庭坚调侃为“石压蛤蟆”，但也因丰腴跌宕、神气横溢而自成一家，为“宋四家”之首；

苏轼的绘画画风大胆创新，尤其擅长画墨竹、怪石、枯木，奠定了“文人画”的基础。

王安石这样评价苏轼的才华，“不知更几百年，方有如此人物”。

苏轼的卓越，还在于他不遗余力地提携、培养文学人才，“苏门四学士”“苏门六君子”共同成就了北宋文坛繁盛的创作局面，也是古代文坛的巅峰之一。

千古第一“直男”　一肚子不合时宜

虽然在文艺圈风生水起，官场却并不适合苏轼。刚刚踏上仕途，就卷入了党争。

对于变法，苏轼是反对的，他不主张王安石采取强硬的政治手段进行改革，而且认为新法并不利于百姓。

对于变法领袖王安石，苏轼更是看不惯，经常仗着自己文思敏捷抓住把柄就怼怼王安石。

王安石说“波”乃“水之皮”，苏轼打趣，“滑者，水之骨也”。

王安石写黄州的菊花，“昨夜西风过园林，吹落黄花满地金”。苏东坡觉得可笑：菊花开在深秋，耐冷不落瓣，怎么能说“吹落黄花满地金”？于是提笔续道，“秋花不比春花落，说与诗人仔细吟”。

苏轼得罪王安石的下场就是他每天被新党攻击，连他的头号粉丝宋神宗对他的印象都不太好了，将他下放到杭州、密州、徐州做市长。

在做地方市长期间，苏轼一边勤勤恳恳地为当地百姓做事，一边继续发挥毒舌属性，写诗文讽刺新政。

上文所书“乌台诗案”即由此引发。

几年后，苏轼等来了哲宗即位，新党倒台，重新得以重用，17 个月间飞速升迁至国家秘书处秘书，仅次于丞相。

虽然被旧党领袖、砸过缸的司马光赏识，可苏轼又站出来说实话了，“新法也有好东西，不能全部废除”。他还针对旧党的贪污受贿、互相包庇狠狠地向皇帝参了一本。

得了，这下苏轼两边不讨好，彻底被排挤。

又过了几年，新党再次上台，苏轼被认作旧党势力被清除，在 60 岁高龄先后流放惠州（今广东惠阳）、儋州（今海南儋州）。

在宋朝，流放海南是仅比砍头轻一级的重罚。

苏轼一生颠沛，是政治斗争的牺牲品。这其中既有时代的原因，但更关键的则是他“一肚子不合时宜”的“直男”属性。

《东坡笔记》记载，苏轼曾拍着肚皮问身边的人：“汝辈且道是中何物？”一个侍女说是锦绣文章，另一个侍女说是满腹经纶，苏轼都嫌不够恰当，直到侍妾朝云说：“一肚子装的都是不合时宜。”苏轼捧腹大笑，赞“知我者，唯有朝云也”。

玩转生活的酿酒大师

林语堂在《苏东坡传》写道：“一提到苏东坡，在中国总会引起人们亲切敬佩的微笑。”

半生漂泊，生活清苦，天生的乐天派苏轼将本应愁云惨淡的日子过得有酒有肉还好玩。

作为一枚吃货，苏轼的美食地图也堪称北宋第一。

在偏僻的黄州，猪肉“价贱如泥土”，苏轼成功研制了火遍全球的东坡肉，还专门写了首《猪肉颂》，大力推广做法，声称“早晨起来打两碗，饱得自家君莫管”。

在瘴毒弥漫的惠州，他买别人不要的羊骨头，煮熟后剔肉细嚼，大呼“意甚喜之，如食螃蟹”。他尤其喜欢荔枝，“日啖荔枝三百颗，不辞长作岭南人”。

在食物匮乏的海南，他“食蠔（牡蛎）而美”，写信给儿子，“千万不要告诉朝廷那些人，我怕他们跑来和我抢食”。

苏轼出生于四川眉山市，眉山市与宜宾市距离并不遥远。当时的宜宾市还叫戎州，当地盛产的“姚子雪曲”美名远扬，并且苏轼的好朋友黄庭坚曾在戎州做过官，他极力推崇“姚子雪曲”。北宋时期纯粮发酵固态蒸馏开始盛行，戎州当地酿酒业发达，姚家私人酿酒作坊采用大米、高粱、糯米、荞子和蜀黍五种粮食酿造“姚子雪曲”，色泽“白云生谷”，口味“清而不薄，厚而不浊。甘而不哕，辛而不螫”。像苏轼这么爱喝酒的人，想来定品尝过“姚

子雪曲”，也观摩过如何酿酒。苏轼特别喜欢喝酒，桂酒、蜜酒、酥酒、松花酒、竹叶酒……一一尝遍。虽然只有一瓶啤酒的酒量，但他依然嚣张地给自己立了“不可一日无酒”的人设。

苏轼还喜欢酿酒，酿成蜜酒、天门冬酒、真一酒、松醪酒，每酿成一种酒必得意地写诗作赋。但据不可靠爆料，他曾邀请朋友品尝蜜酒，结果喝完众人纷纷拉肚子；两个儿子喝完他的桂酒，说什么也不喝第二口。俗话说，失败乃成功之母，多次失败的经历让苏轼探得酿酒真谛，写成377字的《东坡酒经》，堪称酿酒之经典。

1059年（嘉祐四年），苏轼苏辙兄弟守制期满后奉召还朝，侍父沿岷江东下自游行，一路吟诗作对，把酒言欢。

船经戎州（今四川省宜宾市）时，为当地佳酿“姚子雪曲”所助，苏轼诗兴大发，连作四首，《戎州》即为其一。

乱山围古郡，市易带群蛮。
庾岭春耕少，孤城夜漏闲。
往时边有警，征马去无还。
自顷方从化，年来亦款关。
颇能贪汉布，但未脱金镮。
何足争强弱，吾民尽玉颜。

“姚子雪曲”便是如今五粮液的前身。五粮液酒由来已久，名字随朝代更迭变化多次。唐代“重碧酒”，宋代“姚子雪曲”，到晚清得名“五粮液”。

应该说，五粮液是“酿酒大师”苏东坡最优秀的继承者和发扬者，这也是五粮液“大国浓香”品牌所蕴藏的最深厚的文化自信。

美酒入了苏轼的诗肠，化成千古绝唱。苏轼 200 多首诗、90 多首词均与酒有关。

如果没有“把酒”，“问青天”将少了很多豪迈；如果不是“春风吹酒醒”，如何潇洒地让“一蓑烟雨任平生”；如果没有带酒夜游赤壁，就没有“人生如梦，一尊还酹江月”的感叹。

学生黄庭坚曾说，东坡饮酒不多即烂醉如泥，醒来“落笔如风雨，虽谑弄，皆有义味，真神仙中人”。

苏轼的“趣”还体现在交友上。

苏轼常与好友佛印禅师参禅论道。一天，禅意大发的苏轼提笔写下一首侍偈：“稽首天中天，毫光照大千，八风吹不动，端坐紫金莲。”

写完，自我感觉良好，便遣人送给佛印。没想到佛印回复“放屁”二字。

苏轼怒气冲冲去找佛印理论，佛印笑着说：“八风吹不动，一屁打过江。”意思是，你自称“八风吹不动”，但简单的“放屁”二字就让你坐不住了。苏轼幡然醒悟，两人相对大笑。

朋友陈季常怕老婆，苏轼写诗嘲笑：“龙丘居士亦可怜，谈空说有夜不眠。忽闻河东狮子吼，拄杖落手心茫然。”从此，陈季常老婆“河东狮吼”的绰号远扬。这个故事后来还被拍成电影，可以说影响非常深远了。

无论如何落魄，苏轼始终有诗酒相伴，有友人谈笑，用乐观、豁达回应人生的一次次暴击，用诗酒回馈生活以美好。

“吾眼前见天下无一个不好人。”

流放黄州时，苏轼前往南京探望已经下野的王安石。仿佛没有之前的政见不同，没有“乌台诗案”。

这次会面，两个光明磊落之人同吃同住一个多月，把酒言欢、谈诗论文，以开阔的胸襟、渊博的才学留下了一段文人相亲的佳话。苏轼甚至感叹“从公已觉十年迟”。

1101 年，宦海沉浮、半生漂泊的苏轼在获释北返的路上因病去世。

虽然苏轼的生命结束了，他对生活的热爱与真诚，他作品中流露出的旷古才华，让他的作品、他的精神在时光的磨砺中愈发流光溢彩，成为当之无愧的千年偶像。

Tips • **五粮液助力文物“南迁”**

1931 年“九一八”事变后，北平故宫博物院接到指令，将文物装箱“南迁”。路过宜宾时，日军频繁轰炸，加之雨水偏多，需要给这批宝物寻找安全稳妥之处存放，寻遍整个宜宾，只有生产五粮液酒坊的仓库安全适合。可是放了文物，酒就只能移出去，那么酒就浪费了。酒没了可以再酿，国宝要没了就再也无法找回了，文脉断了，国脉也就断了。酒坊老板最终下定决心，将酒全部搬出，将国宝移入，最终安全保护了国宝。

做你永远的男配角！
“万人迷”苏轼背后的男人

文 / 九公子の桐

苏门四学士、与苏轼同列“宋四家”、诗歌与苏轼合称“苏黄”、苏轼好基友……这些标签都集于黄庭坚一身，而每一个又都与苏轼相关。

明明诗词书法均不俗，可当黄庭坚站在旷古奇才苏轼旁边，存在感就弱爆了。

如果有人在知乎上提问，与“万人迷”加超级大文豪做朋友是一种什么体验？黄庭坚无疑最有发言权。

小迷弟的进阶之路：从偶像到好基友

黄庭坚生活在一个星光熠熠的时代，欧阳修、柳永、王安石、司马光……大神级人物层出不穷，更别提有着旷古才华的苏轼了。

苏轼 20 岁全国高考第二名，23 岁参加制科考试被点为第三等，是官方盖章的北宋“百年第一”，上至皇帝下至普通百姓都是他的粉丝。

黄庭坚7岁能作诗，22岁进士及第，履历常人难以企及。

彼时，苏轼已是文坛领袖，耀眼光芒黯淡了同时代的其他文人。初出茅庐的黄庭坚只是个小透明。

这一时期，黄庭坚和苏轼就像200多年前的杜甫和李白，是粉丝对偶像的崇拜。

想当年，痴情的杜甫在朋友圈写满了仰慕李白的诗歌，忙着喝酒修仙的李白偶尔点个赞，回个评论安抚一下小迷弟，“借问别来太瘦生，总为从前作诗苦”，好久不见你又瘦了，一定是作诗太辛苦了。

杜甫和李白之间，始终是杜甫单方面付出，并没有成为真正的知己好友。

但黄庭坚却是比杜甫幸运很多，他实现了从粉丝到好友的完美进阶。

1072年，黄庭坚27岁，他的诗文由岳父孙觉推荐给苏轼，苏轼读了之后惊为天人，“超轶绝尘，独立万物之表，世久无此作”，将黄庭坚评价为“精金美玉”。

有了文坛领袖的夸奖，黄庭坚很快小有名气。

1078年，33岁的黄庭坚鼓足勇气给苏轼写了一封信《上苏子瞻书》，并寄了两首诗，表达了自己如江水般滔滔不绝的仰慕之情，同时希望自己可以投师门下，结为师友。

很快，苏轼以《答黄鲁直》郑重回复：我一直想以书信与您结交，却害怕唐突，不料得到您的书信，真是既高兴又惭愧。

从此，两人正式成为笔友，诗文唱和。

苏轼写《春菜》，黄庭坚就写《次韵子瞻春菜》；苏轼写《薄薄酒》，黄庭坚就写《薄薄酒二章》。

一谈起苏轼，黄庭坚眼睛发亮，“君闻苏公诗，疾读思过半。譬如闻韶耳，三月忘味叹”。

直男间的惺惺相惜：终于遇到对的你

1086 年，书信往来多年、相知相慕的苏轼、黄庭坚终于在京城首次见面。

这次伟大的笔友见面并没有见光死，而是相见恨晚。在京城的三年，两人朝夕相处，讲道论艺，从诗词歌赋聊到人生哲学，有事没事互相写诗，彼此称赞，光唱和诗就写了 100 多首。

一次，黄庭坚将老家的双井名茶送给苏轼，还写了首情深意切的《双井茶送子瞻》，“我家江南摘云腴，落硙霏霏雪不如”，这是从我老家摘的茶，用石墨细细研磨，雪花都比不上它。

苏轼高兴极了，马上回了一首《鲁直以诗馈双井茶次韵为谢》，“磨成不敢付僮仆，自看汤雪生玑珠”，你送的茶太好了，我都不舍得让仆人碰，一定要亲手煎煮。

作为苏轼的学生，黄庭坚在苏轼的提点下逐渐走向文坛一线。

黄庭坚杰出的才华让他得以结识苏轼，相似的性格和人品则让他成为苏轼一生的知己。

苏轼“一肚子不合时宜”的正直使他不容于新旧党政，荣登“千古第一直男”。实际上，在“直男”属性上，黄庭坚同样不遑多让。

在对待新法的态度上，两人如出一辙。

黄庭坚长期担任地方官，对新法的利弊有着切实的认识，耿直的他将对新法的批评写入诗歌。更在修订《神宗实录》时写到“用铁龙爪、浚川耙治河犹同儿戏”，这也成为新党攻击、诬陷他“谤史”的把柄。

据《宋名臣言行录续集》记载，新党曾用“铁龙爪”这句话质问黄庭坚，黄庭坚直接怼回去：“我在北都做官时亲眼看到这件事，的确如同儿戏。”

苏轼对黄庭坚十分看重。《宋史·黄庭坚传》记载，苏轼做侍从官时，曾举荐黄庭坚代替自己，推荐词中给予极高的评价，“瑰伟之文，妙绝当世；孝友之行，追配古人”。

对于美酒的热爱，两人也是相同的。苏轼爱喝酒爱酿酒，公开表白“不可一日无酒”；黄庭坚同样一生爱酒，“把酒”“催酒”“自酌”等字眼在他的诗文中多次出现。

在贬谪地戎州（今四川省宜宾市），酒业已经相当发达，在戎州寓居的三年黄庭坚寄情山水，遍尝美酒，写下 17 篇论酒的诗文。

一天，黄庭坚与当地名流品酒作赋。按诗界的规矩，水面的酒杯漂到谁的面前，谁就要献诗一首。当轮到黄庭坚时，他尝了一口，发现是他最钟爱的取安乐泉水酿制而成的“姚子雪曲”，当场写下《安乐泉颂》赞美此酒——

姚子雪曲，杯色争玉。

得汤郁郁，白云生谷。

清而不薄，厚而不浊。

甘而不哕，辛而不螫。

老夫手风，须此晨药。

眼花作颂，颠倒淡墨。

“姚子雪曲”即宜宾名酒五粮液最成熟的雏形。可以说，黄庭坚是最早鉴评和宣传五粮液的人。

短短几句诗，从“姚子雪曲”的外观、味觉、功效进行细腻而深刻的描绘，高度浓缩了古人对五粮液美酒的审美感受，也让五粮液在醇香之余更增添了历史的厚度。

可以说，四川是苏轼和黄庭坚生命中最重要的地方之一。

40 年前，眉山小伙苏轼走出四川，一举成名天下知，以精彩绝伦的诗文在文坛独占鳌头；40 年后，江西大叔黄庭坚来到四川，向当地学子倾囊相授自己的才学，而秀美的巴山蜀水让他的诗词艺术水平达到新的高峰。

《苕溪渔隐丛话后集》这样写道，“山谷自黔州以后，句法尤高，笔势放纵，实天下之奇作、自宋兴以来，一人而已矣”。

做你故事里永远的男配角

苏轼作为历史上少有的“有趣灵魂”，能与他做朋友无疑是件快乐的事。

许多关于苏轼的趣事，黄庭坚都作为一个固定配角存在，两人一唱一和，贡献了一批流传千古的段子。

作为才思敏捷的文化人，斗嘴是两人相处的日常。

宋代《独醒杂志》记载，一天，苏轼对黄庭坚说，小黄啊，你最近的字虽然清劲有力，但有时笔势太瘦，就像挂在书上的蛇。黄庭坚说，老师的字我当然不敢妄加评论，不过觉得太肥扁了，像石头压着蛤蟆。

对于黄庭坚的诗文，苏轼这样打趣，“黄九诗文如蝤蛑江珧柱，格韵高绝，盘餐尽废，然而不可多食，多食则发风动气”，意思是黄庭坚的诗文虽然如海鲜般味道鲜美，格调很高，但读多了也伤身。

黄庭坚也不客气，回敬“盖有文章妙一世，而诗句不逮古人者”，意思是老师虽然文章高妙，但是也有很多诗句不如古人。

民间还流传着这样一个故事。

一天，苏轼刚刚做好了拿手菜东坡鱼，发现黄庭坚来了，知道他又来蹭饭，赶紧把鱼放到碗橱顶部。

黄庭坚进门就问，今天向您请教苏轼的“蘇”怎么写？

苏轼说，蘇者，上草下左鱼右禾。

黄庭坚问，鱼放在右边行吗？

苏轼回，不可以。

黄庭坚又问，把鱼放在上边行吗？

苏轼急了，哪有把鱼放上边的道理。

黄庭坚指着碗橱笑道，既然您知道不能把鱼放在上边，还是快拿下来吧。

苏轼卷入新旧党争，屡遭贬谪，作为苏门学士、苏轼的追随者，苏轼的每一次贬谪，都会波及黄庭坚。

苏轼因乌台诗案入狱，流放黄州；黄庭坚因与苏轼保持书信往来，被罚铜 20 斤。

新党再次上台后，苏轼被流放至惠州（今广东惠州）、儋州（今海南儋州），黄庭坚则先后被贬至黔州（今重庆彭水）、戎州和宜州（今广西宜山）。

同为被贬专业户，苏轼自嘲“问汝平生功业，黄州惠州儋州”，黄庭坚则“泊然，不以迁谪介意”。被贬宜州时，面对家人对瘴雾潮湿恶劣环境的担忧，黄庭坚调侃道，宜州，就是宜人居住的地方啊。

在文学成就上，黄庭坚更多是与苏轼并称：诗歌与苏轼并称“苏黄”，书法与苏轼并列“宋四家”，词被认为学苏轼的“以诗为词”。

对于黄庭坚的诗歌，苏轼极为推崇，“每见鲁直诗文，未尝不绝倒”，更表示要学习黄庭坚的作诗手法。

他开创的江西诗派成为对后世影响最大、流传时间最广的诗歌流派。

他的书法自成一家，《砥柱铭》拍出4.368亿元的天价，比王羲之《兰亭序》的拍价还要高。

他的山谷词，被后人赞为“用意深至，自非小才所能办”。

可以这么说，如果黄庭坚没有与苏轼生活在同一年代，凭借他的文学成就和人格魅力，一定可以独领一个时代风骚，成为当之无愧的主角。

而黄庭坚对于苏轼，始终怀着恭敬的态度，甘愿做他故事里永远的男配角，“我之于东坡，不过是学生罢了。”

两情若是久长时　又岂在朝朝暮暮

黄庭坚与苏轼虽为挚友，但宦海沉浮，实际相处时间并不多，主要集中在两人均在京城做官的三年。

1094年，苏轼以“讥刺先朝”的罪名被贬往惠州，黄庭坚也因《神宗实录》“多诬”，被叫回京城审问。两人在鄱阳湖相聚，畅聊三天才依依惜别，不想竟成诀别。

黄庭坚与苏轼虽然相隔千里，但继续书信往来，互相题跋字画，彼此惦记。

苏轼刚在惠州安顿下来，便听到黄庭坚被贬到黔州的消息，“为之凄然”，他在诗中写道“身随残梦两茫茫……遥知鲁国真男子，独忆平生盛孝章”。

苏轼知道黄庭坚没什么积蓄，可自己也大手大脚惯了，去惠州的路费还是向弟弟苏辙借的，爱莫能助，只能在信里关心地问一句“途中颇有知义者，能相济否？”

黄庭坚在写文章时总忍不住 cue 一下苏轼，今天感叹“东坡居士出于眉山。震辉中州，蔚为翰墨之冠”，明天又赞“东坡先生道义文章，名满天下，所谓青天白日”。

1098 年，苏轼已被贬到海南，黄庭坚再被贬至戎州。重阳节他与友人到无等院游玩时，发现了苏轼的题字，想到远在天涯海角的老友，担心、思念、不平等情绪交织在一起，心情无比沉重。

第二年，黄庭坚在戎州发现了多年前苏轼写给叔丈王庆元的一封信被随意乱扔，气愤极了，于是在这封信的后面写道：东坡道人的真迹，每个字都是珍宝，竟然被丢到放煤的破筐里沾满蜘蛛网。几十年后，这封信必定会被重金抢购。

两年后，苏轼在从海南北归的途中去世。黄庭坚知道后悲痛难言，在家中挂上苏轼的画像，每天早上都要衣冠整齐地献香致敬。

看到好的景色，他总会不自觉地念叨，可惜东坡不在了，不能与他一起欣赏。两年间写了 20 多篇哀悼苏轼的诗文。

苏轼去世的第二年，黄庭坚途经松林间一座亭阁，触景生情，提笔写下名传千古的《松风阁诗帖》，“东坡道人已沈泉”，时隔千年，仍可感受到黄庭坚的苦涩与悲痛。

500 多年后的明代，心灵手巧的手艺人王叔远用一枚枣核，生动地再现了苏轼与黄庭坚相知相惜的友谊：船头坐三人，中峨冠而多髯者为东坡，佛印居右，鲁直居左。苏、黄共阅一手卷。东坡右手执卷端，左手抚鲁直背。

明代宋濂曾这样评价苏黄两人的友谊和对后世的影响，“苏黄挺出，虽曰共师李、杜，而竟已己意相高，而诸作又废矣。自此以后，诗人迭起，或波澜富而句律疏，或锻炼精而性情远，大抵不出于二家”。

自古文人相轻，但苏轼与黄庭坚这两位同时代的文学巨匠却惺惺相惜，彼此扶持，为后世留下了一段关于友情、关于文学、关于人品的经典史料，也是佳话。

Tips • **五粮白酒救红军**

宜宾市翠屏区李庄镇，是长江边上的一个普通小镇。1940 年，一份“同大迁川，李庄欢迎，一切需要，地方供应”的 16 字电报，使得同济大学、中央研究院历史语言研究所与社会科学研究所等一大批顶级科研机构和高校迁往李庄，留下了大师云集、彪炳史册的百年佳话。李庄与昆明、重庆、成都同时成为了中国四大抗战文化中心。

在李庄，还流传着“五粮白酒救红军”的故事。相传，红军长征途中经过李庄休整，不少伤员需要救治，但是缺少药品，当地一家酒庄便拿出一坛白酒为伤员伤口消毒，那个酒庄则是后来合并入五粮液酒厂的酒庄之一。

“拧巴”宗师黄庭坚：不惦记隐居的大师不是个好诗人

文 / 九公子の桐

有宋一代，人才辈出，神童辈出。

1045 年，大文豪苏轼出生后的第 8 年，在山清水秀的江西九江双井村，又一位神童出生了。

这位神童有多牛呢？10 岁前，其他孩子还在玩过家家时，他已博览群书，读书过目不忘，出口成诗。

年幼时，他的舅舅，宋代知名文学家李常意外地发现外甥小小年纪竟然在读一本很深奥的书。

“外甥啊，这书你看得懂吗？”

“舅舅，你可能不信，我身后书架上的这些书我都看得懂。”

小孩子家家口气倒不小！让舅来考考你。

李常随手从书架上取出一本书问他，没想到这小外甥不仅倒背如流，还有独到的见解。李常不由得连声赞叹：“一日千里之才，未来不可限量。”

这个神童不仅记忆力和领悟力惊人，还早早解锁了作诗技能，

7 岁时，写下了传诵至今的《牧童诗》——

骑牛远远过前村，短笛横吹隔陇闻，

多少长安名利客，机关用尽不如君。

8 岁时，邻居进京赶考，他作诗《送人赴举》相赠——

万里云程着祖鞭，送君归去玉阶前，

若问旧时黄庭坚，谪在人间今八年。

将自己比作天上的谪仙，前辈之中也只有李白敢这样自称，这位叫黄庭坚的神童也是很有自信了。

解锁作诗技能后，黄庭坚再接再厉，很快解锁了学霸技能。22 岁考中进士，之后在四京学官的考试中，因“第文最优”，担任北京国子监教授。

青少年时期的黄庭坚，才华出众，一帆风顺。他踌躇满志，打算凭借自己的才能在官场和文坛大展手脚。

多年以后，黄庭坚的诗歌和书法均取得了宋代最顶级的成就，但他却宦海沉浮，半生颠沛，贫病交加。

在他的身上，既有对功名的追求，也有对归隐的向往；既有看透生死的乐观豪迈，又有身不由己的痛苦和无奈；既有幽默与放浪，又有倔强与耿直。

背负着这许多矛盾，黄庭坚度过了“拧巴”的一生。

你幸福吗？呵呵，我姓黄

出众的才华让黄庭坚的人生开场惊艳：科举成功，仕途看似不可限量；迎娶龙图阁大学士孙觉的女儿兰溪为妻；赢得文坛领袖苏轼的赏识，小有名气。

青年黄庭坚如同北宋另一位神童前朝丞相晏殊的翻版，一切都顺利得不可思议。

但命运却对黄庭坚开了一个大玩笑，他的幸福指数“出道即巅峰”。

黄庭坚 25 岁时，兰溪夫人病逝。

29 岁时，迎娶赏识他的诗人谢景初之女介休，没想到几年后，介休夫人也一病不起。

黄庭坚伤心欲绝，甚至怀疑自己是克妻体质，他为两位妻子写的墓志铭有着痛彻心扉的悲伤：“呜呼！如兰溪之女美，介休之妇德，皆室家之则也。尝欲以楚辞哭之，而哀不能成文。”

家庭屡遭变故，仕途也不顺。在当时的官场上，黄庭坚就是个异类。

他不老老实实坐在办公室里批阅公文，总往基层跑，看百姓如何种地、观察庄稼的收成、了解百姓的真实生活。

让同事闹心的是，他会把实际情况如实上报。久而久之，同事们都对他敬而远之。

在面对新法这件事上，黄庭坚与他的老师苏轼一样，坚持一个原则——说实话。

他写诗讽刺新党用机器爬沙的治河方法，“直渠杀势缘才吏，机器爬沙聚水兵。河面常从天上降，金堤千里护都城”。更在修订《神宗实录》时写道“用铁龙爪、浚川耙治河犹同儿戏”。

对于新法的支持者李清照的公公赵挺之，黄庭坚屡次写书信与他争论驳斥，从此结下怨隙，也埋下了其后半生的祸患。

由于亲眼见到了新法给百姓带来的种种痛苦，黄庭坚在行动上也抗拒新法。

当时全国正在轰轰烈烈地推行农田水利法、市易法和盐务专卖等新法措施，他任太和县令时抵制盐务专卖，任德平监镇时抵制推行市易法，只为让“民安之”。

在新党执政时期，黄庭坚知行合一地批评新法。虽然他未有意识地介入新旧党政，但他的立场以及与苏轼等人的密切关系，使其被归入旧党阵营。

纵使黄庭坚为官清廉，处处为百姓着想，进入官场近 20 年，直到 41 岁还一直做的是县公安局局长、县长等地方小官，始终未被提拔。

20 年的时光，黄庭坚从意气风发的天才少年变成了两度丧妻、不合时宜的忧郁大叔。他借酒消愁，常常不加节制地豪饮，40 多岁便长出白头发。

又双叒被贬了　痛苦无助想隐居

幸福的人生是相似的，不幸的人生各有各的不幸。

本性淡泊的黄庭坚一生都未能逃开党争的阴影，成为党争的牺牲品。

41岁那年，随着新党的倒台，黄庭坚的人生终于迎来了转机。1085年，黄庭坚被召入汴京，与苏轼及苏门学士秦观、张耒等人酬唱应和，度过了一段愉快的时光。

好景不长，1095年，新党卷土重来，黄庭坚因编撰的《神宗实录》"谤史"，被贬黔州（今重庆彭水），开始了"既已放逐首开其端，亦已放逐终其一生"的人生最后10年。

3年后，因为要避外兄张向的嫌，被迁到戎州（今四川省宜宾市）。

在那最黑暗苦楚的时光里，戎州张开了怀抱给了黄庭坚温暖。当地官员、士子并未以罪臣待之，反而对他照拂有加，让他享受到了蜀南生活的新乐趣——

王公权家荔支绿，廖致平家绿荔支。

试倾一杯重碧色，快剥千颗轻红肌。

拨醅蒲萄未足数，堆盘马乳不同时。

谁能同此胜绝味，唯有老杜东楼诗。

——《廖致平送绿荔支为戎州第一王公权荔支绿酒亦为戎州第一》

在戎州，他尝到了当地特产绿荔枝、诗圣杜甫曾夸奖过的重碧酒，更仿照王羲之兰亭聚会“流觞曲水”开辟流杯池，日子过得有滋有味。

善饮的黄庭坚对于戎州饮酒文化和酿酒业有着不可磨灭的推动作用。美酒与黄庭坚的相互影响下，戎州饮酒风尚向雅、礼、诗方向发展。浅斟慢酌，不尚狂醉滥饮，并以酒为社会往来的媒介。

直到 1102 年，昔日结有仇怨的赵挺之以《承天院塔记》中的语句牵强附会，编造黄庭坚幸灾谤国的罪名，将其“除名编管”，革去一切身份，贬到宜州（今广西宜山县）。

这 10 年，无疑是黄庭坚人生中最黑暗的时期。

在黔州，黄庭坚寄居在摩围山下的开元寺。官府补贴不够日常开销，他学苏轼，开垦土地自己种菜吃。

在宜州，他先寄居在城西一居民家，但太守认为按罪不能安置得这么好，无奈搬到城南戍楼。戍楼，是城墙上用于军事的瞭望楼，破败不堪，冬天冷，夏天热，居住环境十分恶劣。

彼时，黄庭坚已年过半百，有眩晕、目疾、脚气等病痛。年老体衰却一次次贬到荒凉偏僻的地方，他本不是像苏轼一样天性乐观的人，痛苦孤独折磨着他。

他感慨“万里投荒，一身吊影，成何欢意”；“三峡猿声泪欲流”，听到猴子叫，眼泪汪汪；“杜宇催人，声声到晓，不如归是”，听到杜鹃鸟啼，越发想家。

在黔州住所，称自己“枯木寒灰，心亦不在矣”；在戎州，干脆将住所命名为“寒灰寮”“死灰庵”。

有时，黄庭坚也会用旷达乐观来消解痛苦。

他为宜州破败的戍楼取名为“喧寂斋”，每天听着楼下买菜讨价还价的声音怡然自得，焚香躺在榻上，用三文钱买来的毛笔开心地给朋友写信。

他看淡了名利，认为“名利往来人尽老”；他春天去武陵溪游览，饱览美景后“醉舞下山去，明月逐人归”。

有时，他会感慨身不由己，还是隐居生活最自由，“安得此身脱拘挛，舟载诸友长周旋”，他自称“平生本爱江湖住，鸥鹭无人处”。

10 年的贬谪生活让黄庭坚备受折磨，却造就了他最辉煌灿烂的诗词创作。

南宋文学家胡仔在《苕溪渔隐丛话后集》中引《豫章先生传赞》，“山谷自黔州以后，句法尤高，笔势放纵，实天下之奇作，自宋兴以来，一人而已矣”。

也曾白发戴花　风流尤拍古人肩

画堂高会酒阑珊。倚栏干。霎时间。千里关山，常恨见伊难。及至而今相见了，依旧似、隔关山。

倩人传语问平安。省愁烦。泪休弹。哭损眼儿，不似旧时单。寻得石榴双叶子，凭寄与、插云鬟。

猜猜看，这首哀婉的词是谁填的。

A. 柳永 B. 秦观 C. 黄庭坚 D. 晏几道

想不到吧，这首词的作者是耿直骄傲的黄庭坚。

人不风流枉少年。黄庭坚年轻时，也曾和同时代的文人一样，流连秦楼楚馆，饮酒作乐，为歌伎写下一首首情词。

他曾钟情一位歌伎，打算“买个宅儿住著伊”，没想到郎有情妾无意，被这位歌伎拒绝了。最后这位歌伎落得“永落鸡群被鸡欺”，黄庭坚也只能“空恁可怜伊，风日损花枝”。

黄庭坚有情词 80 多首，这些情词寄托着黄庭坚的细腻情思和风流多情。

黄庭坚还是幽默诙谐的，偶尔兴起，也会如顽童般捉弄人。

他曾和翰林学士顾子敦共事。顾子敦肥胖魁梧，黄庭坚常常趁他夏天午睡时，在他洁白的肚皮上练书法。

顾子敦苦不堪言，为了不给黄庭坚练字的机会，便趴在桌子上睡觉。醒来发现肚子上果然没有字了，得意地说：“这次奈何不了我了吧？”

没想到下班回家换衣服时，顾夫人发现他的后背上竟然写了一首唐诗，哭笑不得。

晚年，历经人生多次风浪的黄庭坚将这份幽默化成了旷达与豪迈。

在古代，重阳节时人们有在头上簪菊花的风俗，但老人戴花却很少见，黄庭坚偏偏要在白发上戴花。

50 岁那年的重阳节，黄庭坚写道，“莫笑老翁犹气岸，君看，几人黄菊上华颠？戏马台南追两谢，驰射，风流犹拍古人肩”。

60 岁那年的重阳节，病骨支离的他依旧戴花，“花向老人头上笑，羞羞，白发簪花不解愁”。

“生活吻我以痛，我报之以歌”，说的就是黄庭坚吧。

1105 年 9 月，干涸多日的宜州终于下了一场小雨。年过花甲的黄庭坚正与好友范廖喝酒。

秋老虎的来临让这座阁楼愈发闷热、潮湿，久病缠身的黄庭坚住在这里更加难熬。

这场小雨让闷热的阁楼骤然凉爽宜人。酒过三巡，微醉的黄庭坚坐在胡床上，将脚伸到屋檐外淋雨。当清凉的雨丝落到双脚上时，黄庭坚开心极了，转头对范廖说：“吾平生无此快也。”

这场小雨为黄庭坚带来了 60 年生命中最后的快意——9 月 30 日，淋雨后没几天，黄庭坚病逝，结束了他坎坷而伟大的一生。

黄庭坚的诗歌体现了宋诗的典型特色，被视为宋诗的集大成者。

同为诗人的外甥洪朋这样评价他在诗坛的地位：“诗家今独

步，舅氏大名稀。屈宋堪奴仆，曹刘在指挥。”以他为宗主的江西诗派是中国诗歌史上影响最大、延续时间最长的诗歌流派。

黄庭坚的词被苏门六君子之一陈师道这样评价：“今代词手，惟秦七、黄九尔。”

他的书法独树一格，位列“宋四家”，后人这样评价他的书法：“黄庭坚引鹤铭入草，雄强逸荡，境界一新。”

当然，黄庭坚留给后人的财富，不只是他的诗词书法，更有他在艰苦环境中不屈的灵魂。正如北宋诗僧惠洪在《山谷老人赞》中说，“世波虽怒，而难移动砥柱之操；诗名虽富，而不救卓锥之贫”。

黄庭坚一生，背负太多的痛苦与压力，人生的快意时刻少之又少。

“你不是真正的快乐，你的笑只是你穿的保护色”，五月天的这句歌词或是对他此生心境的最好写照。

Tips • **林则徐酣酒请幕僚**

林则徐担任云贵总督期间，特地到叙府（今宜宾）拜访曾支持自己严禁鸦片的老朋友黄耀明。这天，黄耀明宴请林则徐，酒酣耳热之际，林则徐借酒劲讲述了经历鸦片战争、充军新疆等坎坷经历后，无论如何要黄耀明做自己的幕僚。本已辞官在家的黄耀明坚辞难拒，只得答应。黄耀明与林则徐一道抵达昆明，开始了他辅佐林则徐任云贵总督的宦途，所为皆有政声。

酒神黄庭坚：我曾加入史上颜值最高天团

文 / 九公子の桐

我叫黄庭坚，是北宋文坛的超级网红，我的公众号“山谷道人爱写诗”篇篇 10 万 +，其他公众号要想点击量，必学我的写诗风格。

什么？吹牛？

确实，我的老师苏轼诗写得比我好，他的诗歌浑然天成，凭才情随意挥洒，岂是普通人学得会的？还是我的“点铁成金”“无一字无来处”更容易学一点。

我今年 60 岁了，按说正是享受天伦之乐的年纪，可我却远离家人，谪居在宜州（今广西宜山县）一个破败的戍楼上。

自从 49 岁以来，我接连被流放 3 个偏远荒凉之地，只因为我与老师苏轼走得近，还总说关于新政的大实话。新党当政，看我不顺眼，把我支得远远的。

如今的我，不论按照哪个朝代的标准，都是混得最惨的那类人：背井离乡、被踢出干部队伍、文集被销毁、没有退休金没有生活来源……

我现在一身的病，头疼、脚疼、心悸……恐怕也没有多少时日了。坐在这个闷热的戍楼上，听着楼下市场熙熙攘攘的人声，反而觉得内心一片澄净。

如果让我现在回顾我的一生，我是了无遗憾的：

我曾居庙堂之高，也曾处江湖之远，不论世事如何变迁，对国家和百姓，我始终不忘初心，凭良心说话做事；

对家人，我几十年如一日亲自为母亲洗马桶、尊敬哥哥照顾弟弟，让家庭十分和睦；

对朋友，我以诚相待，重情重义，“桃李春风一杯酒，江湖夜雨十年灯”是我对朋友最深的惦念；

对粉丝，我的作品常常更新，引领时代风潮，还将生平所学慷慨相授；

只遗憾，我应该是见不到敬爱的哥哥大临最后一面了，来生，我们再做好兄弟！

苏门四学士：史上颜值最高才华最佳的超级男团

我人生中最快乐的时光是在京城做官的 3 年。

那 3 年，老师苏轼的另外几位学生秦观、晁补之、张耒都在京城做官。

老师苏轼的一句“如黄庭坚鲁直、晁补之无咎、秦观太虚、张耒文潜之流，皆世未之知，而轼独先知”让我们四人名声传遍大江南北。

那时候的我们都是 40 岁左右的年纪，俗话说“男人四十一枝花”，当我们四人一起出现在北宋街头，就是这条 gαi 上最靓的四个仔。

大家亲切地称我们为“苏门四学士”，可以说是史上颜值最高才华最佳的组合。

我们常常去老师苏轼家做客，老师拿出皇帝赏赐的密云龙茶和自己亲自酿的酒款待。我们品茶饮酒、吟诗作对、作画题跋、互相切磋，好不快活。

有一天，我给三弟晁补之写了一首茶诗，对其中的一句“曲几团蒲听煮汤，煎成车声绕羊肠”尤其满意。

我以羊肠小道上的车声辘辘来形容炉火上煮茶的声音，这个比喻真是又贴切又别出心裁，我简直都想拍拍自己的肩膀夸一句：“你真是太棒了！”

我把这首诗发在朋友圈，等着朋友们点赞。

果然，三弟马上回复我，“车声出鼎细九盘，如此佳句谁能识”。

朋友们也都很识货，各种彩虹屁夸得我心花怒放。

直到看到老师苏轼的评论，我顿时眼前一黑——

“别人钻进死胡同就叫倒了大霉，黄庭坚竟然一头钻进了又细又窄的羊肠，不穷才怪。”

老师，我也是四十多岁的人了，我也要面子的好哇！

黯然销魂者　唯别而已

快乐的时光总是短暂的，自绍圣二年（1095 年）开始，我们师生五人纷纷被贬离京，四散天涯。虽然未能再齐聚，但保持书信往来，互勉互励。

元符三年（1100 年），在我被流放的第 5 年，终于等到了朝廷的赦免，这时我已经 55 岁了。

我从戎州（今四川省宜宾市）一路向北，满心期待着与老师和好友们的重逢。

没想到，还没有等到重逢，二弟秦观和老师苏轼接连去世。

4 年后，我再被贬往宜州。在路过长沙时，遇到了秦观儿子秦湛和女婿范温侯正护送他的灵柩北上。

没想到竟然是以这种方式重逢，我握着两位晚辈的手失声痛哭。

看到秦观的家人穷困潦倒，我拿出 20 两银子给秦湛办理丧事。

秦湛这小子却极力推辞，说什么我也刚刚结束贬谪，没什么钱，不好意思用我的钱办丧事。

我告诉他，我和他的父亲是同门好友，我们相交的情谊如同骨肉。如今他去世了，我既不能参加葬礼也不能送葬，已经很对不起他了。这笔钱不只是区区 20 两，更是表达我对好友的不忘之意。

秦湛含泪收下了银子。

途经衡阳时，看到了秦观的遗作《千秋岁》，悲从中来，感慨万千，追和一首：

苑边花外，记得同朝退。飞骑轧，鸣珂碎。齐歌云绕扇，赵舞风回带。严鼓断，杯盘狼藉犹相对。

此时，老师苏轼已经去世 3 年，三弟晁补之和四弟张耒再次被流放。我反复翻看与师友们互寄的诗文，看我们在朋友圈里的打趣调侃，仿佛回到了当年的快乐时光。

贬谪路漫漫　幸好有你

老师苏轼有位好弟弟苏辙，我有位好哥哥黄大临。

哥哥也是一位诗人和词人，曾在萍乡县做过县令，和苏辙也是好朋友。

我们的父亲在我 14 岁时去世了，长兄如父，在我心中，哥哥是除父母之外最重要的人。

我的贬谪路也是哥哥的贬谪路，他一直陪着我。

我被贬黔州（今重庆彭水），哥哥陪着我自绍圣二年（1095 年）

正月出发，从汴京经许昌、江陵，一路跋山涉水，4 月 23 日到达黔州。

我们一同观赏长江三峡的秀美风光，晚上对榻畅谈昔日的理想和追求，有哥哥相伴，我几乎忘了自己正走在流放路上。

到达贬所后，哥哥又陪了我 2 个月，等我安顿好了才离开。

哥哥离开的时候，我泪如雨下，从此巴山蜀水间我将孤身一人。我们都已过了知天命的年纪，这次分别，不知道是否还能再见。

写给哥哥的诗词，我只用殇字韵，用专属韵脚寄托我对哥哥的思念。

后为避表外兄嫌，我自黔州徙于戎州。

戎州夷夏杂居，却如老师苏轼所言“吾民尽玉颜”，对我这落魄官员热情拥抱，我享受着“街头酒贱民声乐”的质朴，“晨举一杯”的惬意，寄情山水传道授业的快活。

那儿的百姓会用多种粮食酿酒，姚子雪曲为戎州第一，这酒后人叫它“五粮液”倒也贴切，“集天地之灵气，采五谷之精华”。

听说我在流杯池吟的那首《安乐泉颂》传诵了千年，当年我推美酒于夔门之外，未承想千百年来，那口安乐泉百米深处取水酿制的“五粮液”竟香溢世界，始终代表着中国浓香型白酒的最高水平，成了国家名片，真是给足我这代言人面子。

如今，在岷江边上、宜宾城广场、五粮液厂区到处可见我的塑像，俨然将我当成五粮液酒神。

说来惭愧，离开戎州没几年，我再被贬宜州，哥哥又专程来陪我。我们一起共度春节，下棋吟诗，携手游赏宜州山水。

我清楚地记得，崇宁四年（1105年）正月廿八，是个大晴天，我和哥哥兴致勃勃地爬北山。我们互相搀扶着进入集真洞，欣赏形状各异的钟乳石。洞中，一汪清澈的泉水静静流淌。

与哥哥在一起，每一天都是幸福的。

天下无不散的筵席，哥哥还有一家老小要照顾。2月6日，他踏上了返乡路。

在送行的酒席上，我知道这应该是年过花甲的我们最后一次见面了，提笔为哥哥写下了最后一首殇字韵的诗：

霜须八十期同老，酌我仙人九酝觞。
明月湾头松老大，永思堂下草荒凉。
千林风雨莺求友，万里云天雁断行。
别夜不眠听鼠啮，非关春茗搅枯肠。

——《宜阳别元明用殇字韵》

举起酒杯，祝愿我们兄弟健康长寿，一同活到80岁。如今，我难返故乡，祖坟前的松树想必粗壮繁盛，故园早已枯草荒凉，我们兄弟也即将天各一方，后会无期。今夜，又将是一个能听得见老鼠磨牙声音的难眠之夜。

有朋自远方来　不亦乐乎

在哥哥大临走后的一个多月，一天清晨，一名叫范廖的四川

人前来拜见我。

他告诉我，他是我的粉丝，自从知道我被贬宜州后，立刻在崇宁三年（1104 年）的秋天从四川出发，逆长江而上，在洞庭湖弃船后，取道湖北、湖南，马不停蹄地奔向宜州。昨天到的宜州，今天就来拜见我了。

我和范廖聊了一阵，竟然十分投机。我发现这个人性格豪爽慷慨，既能舞刀弄剑，也会作诗填词，还是好学之士。从他的言谈和这次说走就走的拜访，我仿佛看到了盛唐游侠的影子。

范廖告诉我，和我谈话让他忘记了跋山涉水的劳累，看到我如同见到谪仙人，他不怕这里的瘴疠，希望陪伴在我身边照顾我。

我自然是十分高兴的，在这个人生地不熟、环境恶劣的地方有个志趣相投的人陪伴当然是再好不过了。

此时我已经“去国十年，老尽少年心”，范廖的到来，不只是照顾我的身体，更为我的生活带来了很多乐趣，我的交际也变得多了起来。

我们下棋读书、饮酒唱歌、秉烛夜谈，有时还和好友一起游山玩水，南山北山都留下我们的足迹。

转眼到了重阳节，我和范廖参加宜州城楼酒宴。在宴席上，听到几位将军讨论“今岁当鏖战取封侯”，我想起当年的满腔抱负和如今的坎坷遭遇，百感交集，提笔填了一首《南乡子》——

诸将说封侯，短笛长歌独倚楼。万事尽随风雨去，休休，戏马台南金络头。

催酒莫迟留，酒味今秋似去秋。花向老人头上笑，羞羞，白发簪花不解愁。

——《南乡子·诸将说封侯》

写罢，我把笔一扔，靠在城墙上放声高歌。

是啊，世间的一切荣辱得失都随风雨飘然而逝，唯有美酒与美景不可辜负，且饮酒浩歌，白发簪花，方不负秋光！

黄庭坚：
自古追星成功第一人

文 / 九公子的孟婆汤

盛夏清晨，轻薄湿润的雾气尚未散去，戎州（今四川省宜宾市）的空气中依然夹带着丝丝凉气。此刻，在戎州双龙湖入岷江处的一条小道上，黄庭坚正来回踱着步，心中激动万分：老师苏轼马上要来戎州了！

昔日以文会友、诗文唱和的情景历历在目，黄庭坚叹了一口气：自被贬黜以来，已屡屡错失见面的机会。

迷弟遇上偶像　因诗获缘

黄庭坚七岁能作诗，从小便被誉为神童。十八岁时全省乡试第一，22岁考上进士。然而一开始他在文坛并没有特别大的影响力。因为，当时的文坛新星苏轼光芒万丈，才情声震东亚文化圈。

苏轼的人品才华、旷达超然深深吸引了黄庭坚，也成为了苏轼“死忠粉”。

27岁之前，黄庭坚在大宋星光熠熠的文坛中还是一个小透明，更没有想到有一天会跟这位“巨星”成为师徒甚至是朋友。直到岳父孙觉向苏轼推荐了黄庭坚的诗文。

据说苏轼读了黄庭坚的诗，大赞“超轶绝尘，独立万物之表，世久无此作”，认为黄庭坚是“精金美玉”。

苏轼夸赞黄庭坚的诗文绝对出自真心，并不是碍于孙觉的面子，因为在黄庭坚第一次对他表达敬仰爱慕之意后，苏轼便迅速给这位粉丝回了信。

当时，即便得到了苏轼的夸赞，黄庭坚也未能见上他一面。两人相距千里，路途遥远，只能鸿雁传书。

黄庭坚第一次与苏轼直接交流就是通过书信，忐忑与紧张，仰慕与崇拜，全写在了《上苏子瞻书》这封信里。

他说：“盖心亲则千里晤对，情异则连屋不相往来，是理之必然者也，故敢坐通书于下执事……心之所期，可为知者道。”大意是距离挡不住我们心意相通，你就是我的知音。

33岁的黄庭坚大胆地对偶像“表白”了。

而苏轼郑重地写了《答黄鲁直》予以回应：“我一直诚恐不能与君结交，而君今日不惜辱没才华，如此礼待我，喜愧之怀，几乎难以承受。”其实当时苏轼已是名扬四海的大家，而黄庭坚默默无闻，可见苏轼何等赏识黄庭坚。

确认过诗文，你是对的人。此后，两人书信来往，疯狂写诗，短短三年间写了百余首诗歌。平均十天一首的节奏，直接拉动了古代快递业、笔墨纸砚业的发展。

苏轼写《春菜》，黄庭坚和《次韵子瞻春菜》；苏轼写《薄薄酒》，黄庭坚和《薄薄酒二章》；苏轼写《除夜病中赠段屯田》，他读完后就写了首《见子瞻粲字韵诗和答三人四返不困而愈崛奇辄次韵寄彭门三首》，感慨“公才如洪河，灌注天下半”。

一个是文豪偶像，一个是新星迷弟，因诗结缘而互相欣赏。

一提到苏轼，黄庭坚满脸的崇拜，“君闻苏公诗，疾读思过半。譬如闻韶耳，三月忘味叹”，简直是个十足的小迷弟。

作为主持北宋文坛的领袖人物，苏轼在当时的文人中享有巨大的声誉，他的评价让黄庭坚名气骤涨，很快在文坛站稳了脚跟。

有趣的灵魂诗酒为乐　惺惺相惜

黄庭坚与苏轼虽名为师徒，实则好友。两人相知半生，书信往来多年，却只在京城相聚过三年。

同时在京城做官的那三年，两人朝夕相处，品茶饮酒，从诗词歌赋聊到人生哲学，相见恨晚。

身为文豪的苏轼是一个超级“吃货”，他创制的“东坡肉”“东坡鱼”“东坡肘子”仍然是流传至今的名菜。在苏轼笔下，羊肉、猪肉、鸡肉、野菜、烧饼皆可入诗，但凡他觉得好吃的，必须写上两句来抒发“怎么这么好吃”的感慨。苏轼出生于四川眉山市，眉山市与宜宾市距离并不遥远，想来定品尝过宜宾美酒“姚子雪曲”。多年后，当苏轼在他乡吃着家乡美食竹笋时，或许会惋惜没有一坛姚子雪曲做伴；但更有可能的是，作为“吃货”，他早已托人从家乡捎来姚子雪曲，美酒伴美食，大快朵颐！

不仅苏轼好为美味写赞颂诗词，黄庭坚也常常写美酒与美食。

对于美酒的热爱，两人几乎是相同的。苏轼爱喝酒爱酿酒，公开表白“不可一日无酒”。黄庭坚同样爱酒，“把酒”“举酒”“沽酒”等字眼在他诗文中出现多次。

在被贬谪到戎州的三年期间，黄庭坚创作的 70 多首诗词大部分都与美酒相关，那首《安乐泉颂》更是代表作：

姚子雪曲，杯色争玉。
得汤郁郁，白云生谷。
清而不薄，厚而不浊。
甘而不哕，辛而不螫。
老夫手风，须此晨药。
眼花作颂，颠倒淡墨。

“姚子雪曲”即宜宾名酒五粮液的前身。这首诗将“姚子雪曲”从外观、味觉、功效进行了细腻而生动的描写，让人不禁对之心

驰神往。《安乐泉颂》传唱千年，五粮液同样穿越时光，成为中国浓香型白酒和中国白酒文化的典型代表。

黄庭坚爱戎州一汪佳酿，他仿造王羲之的流觞曲水，建造“流杯池”，组织诗友会，吟诗作赋，畅怀作乐。他给这座小城带来了前沿的文化视野，影响了当地的饮酒风尚。由于他喜欢饮酒，对宜宾酒文化的影响延续至今。

《明一统志》云：“二老阁在府治东，绘唐杜甫、宋黄庭坚像于内。”黄庭坚离开戎州后，人民为了纪念他兴建了“吊黄楼”。如今，重建后的吊黄楼静静矗立在岷江北岸，承载宜宾人民对黄庭坚的眷念和深厚情谊。

第三次相约

宜宾的这次会面已经是黄庭坚与苏轼的第三次相约。

“苏轼生十年，父询游学四方”，风华傲骨的苏轼同父亲一样喜欢游学，实践“知行合一”。作为眉州人的苏轼几经戎州游学，但是在书信往来都要等上几个月的时代，信息沟通得不及时让黄庭坚错失与苏轼两次的见面机会。

在黄庭坚等待与苏轼相聚的地方，原地名叫“大顺场”，可黄庭坚太想念苏轼了，动辄数十日的等待让黄庭坚思念与日俱增。因为苏轼号东坡居士，黄庭坚便见亭阁书题“思坡亭”，见溪流书题“思坡溪”，见桥梁书题“思坡桥”……如今八百多年过去了，改名为“思坡乡”的地方至今仍旧保留着黄庭坚与苏轼友情的印记。

据传，不负黄庭坚的等待，苏轼最终到了戎州。黄庭坚把他带到长江边孜岩山下的山谷中，这里有茂林修竹，潭水清澈，瀑布恢弘，相得益彰，风景宜人，年过半百、饱经世事沧桑的两人在这里度过了难得的相聚时光，吟诗唱和，好不惬意。

两位文豪在此相会的佳话流传千古，也让这条山谷有了闻名天下的名字——“会诗沟”。

实际上，苏轼与宜宾早有渊源。22岁那年，苏轼顺岷江而下，前往京师。途经宜宾时，不知是否为当地佳酿“姚子雪曲”所助，他爱上了这里人民的淳朴快乐，“儿女自咿嚘，亦足乐且久”“何足争强弱，吾民尽玉颜”。

他爱上了这里的人杰地灵，他在《过宜宾见夷中乱山》中赞这里的景色：

江寒晴不知，远见山上日。
朦胧含高峰，晃荡射峭壁。
横云忽飘散，翠树纷历历。
行人挹孤光，飞鸟投远碧。

直到现在，黄庭坚与苏轼的会诗文化依旧影响着这里，会诗沟早已成为文人墨客的出游之地，保存了多处文坛名人的真迹石碑。

始料未及的是，苏轼黄庭坚这一见就成了后会无期。苏轼卷入政治斗争，屡遭贬谪，在一次从流放地儋州（今海南）返京的途中去世了。

苏轼去世的两年间，黄庭坚写下了 20 多篇哀悼苏轼的诗文。其中，《松风阁诗》名传千古，一句“东坡道人已沈泉”，看似平平无奇，细细品来，仍可感受到穿越千年的思念。

1000 多年后，一座名为《文脉律动》的雕像屹立在宜宾市岷江岸边，再现了苏轼、黄庭坚师徒二人相会于思坡乡饮酒作诗的故事。

会诗沟毗邻五粮液产业园区，这一段千古友情，让宜宾拥有了诗酒文化的深厚底蕴，成为诗酒文化的繁荣之地。。

钱锺书曾说，真正的交情，看来像素淡，自有超越死生的厚谊。

苏黄二人，惺惺相惜，心之所向，便各生欢喜；各有天地，相知相伴，亦不惧分离。两人的文学才华、人品胸怀辉耀古今，肝胆相照的友情更是成就了一段文坛佳话。

Tips · **飞虎队爱喝五粮液**

1941 年，飞虎队按照美国总统罗斯福要求，为中国大西南运输抗日援华作战物资。美国空军飞行员在宜宾城里发现了五粮液。飞行员们说：“喝完五粮液，嗝一涌上喉，就有一股舒畅无比的感觉，妙不可言！”喝五粮液成为美军将士们割舍不掉的“爱好”。在飞虎将军陈纳德中将指挥下，1000 多架运输机突破日军封锁，向中国战场运送 80 万吨战略物资，人员 33477 人，并在昆明和缅甸上空击落 62 架日机。

民族英雄林则徐：一道撕裂铁幕的强光

文/九公子的散丹

大江奔涌，苍山叠翠。古城宜宾，“天上宫”酒坊，临江的二楼包房。

“黄兄，老朽宦游岭南塞外，还从没饮过如此醇厚浓香的佳酿。”一位精神矍铄、青髯飘飘的老者不停咂舌赞叹。

“这是本地特色的杂粮酒，由五种粮食共同酿成的，别的地方可尝不到，您若喜欢，咱们再干三盏！”坐在主位的黄姓老者面色酡红，酒兴正酣。

“哈哈哈哈，你明知我不胜酒力……”两人一番咬耳扯袖后，青髯老者霍然起身：“你若应我一件事，这三盏酒我一饮而尽！”

“要得哦！”黄姓老者一口川话，不假思索，应得爽快。

代表酒局高潮的“令狐冲”(拎壶冲)之后，青髯老者揭开谜底，“做我的幕僚，咱们老哥俩搭伙去打拼”。

这位青髯老者正是“中国禁毒第一人”林则徐。

就这样，林则徐以三盏酒的代价，把辞官回乡休养的老部下

黄耀明又一次收入麾下，继续他叱咤风云的为官之路。

而那让人酣畅淋漓的杂粮酒，便是享誉世界的名酒五粮液的前身。

英雄爱美酒，更心系江山。

你说我神童？他怜我贫困？与我何干

天才往往都是可遇不可求的，林则徐就是这样招人“妒忌”的类型：3 岁随父亲进私塾读书，6 岁能吟诗作对，12 岁便考取秀才。

现实往往充满故事般的戏剧性。这样优秀的少年，是在世俗的逆境中成长起来的。林爸林妈一共生了十一个娃，林则徐是次子。因为人口众多，全家都在穷困潦倒中生存，常常只能喝米汤充饥。

即便如此，林家的家庭氛围却一直都是十分欢乐的。据邻居说，曾听到他们家言笑晏晏，过去一看，原来是一家人正在分食一盘豆腐。欢乐的家庭氛围并不需要山珍海味的陪伴。

虽然林家资产有限，但目光长远的林父依然要求林则徐认真读书。在当时艰苦的环境中，这恐怕已经是林家能提供的最好条件了。

林则徐打小就很懂事，也和父亲提过辍学在家，无奈拗不过父亲的坚持。所以少年的他，会在每天上学之前把姐妹和母亲制作的手工艺品拿到店铺寄卖；放学后，再到店铺收钱交回母亲。

家乡附近的文人听闻林家有一个神童，都时不时跑过来卖弄一下，想要考考这个小屁孩。有一天，林则徐家里又来了一位对林则徐早有耳闻的学者。

来的路上，他看见林则徐家门口河边有一群鸭子正在游泳，于是灵机一动出了一个上联："母鸭无鞋空洗脚"。

这个上联看似简单，实际上不但应景于现实生活，而且十分拟人，符合实际逻辑。上联难倒了在场的林家人，他们绞尽脑汁，东拼西凑也找不到像样的下联来。

这时，在后院逮到一只公鸡的林则徐蹦蹦跶跶地来到大厅炫耀，他听到上联后，脱口而出，对出了一个下联："公鸡有髻不梳头"。

林则徐对出的下联既对仗工整又充满意趣，众人听完皆拍手称赞，客人连连说道："真乃神童也！"

对对联的喜爱，从小一直延续的到大，后来的名对"海纳百川有容乃大，壁立千仞无欲则刚"，或许就是从这时候培养起来的。

强人恒强，林则徐强大的内心打小便可窥见一斑。他从不在意别人是叫他神童，还是怜他贫穷，只是一心向学。一路成长，他既没有因为贫穷而自卑消极，也没有因众人的夸奖赞扬而沾沾自喜。

在我们还在青春期叛逆的时候，“别人家的孩子”林则徐始终专心向学，立下“经国救世”的志向，最终长成一代名人。

上司不同意？同僚不支持？那我也要干

一片呛人的浓郁烟雾中，渐渐现出一个笔直庄重的身影。不似旁人掩鼻遮口地躲避烟雾，林则徐只是静静地看着眼前的一切，眼中满是淡然和欣慰。一旁的侍从满眼焦急，催促道：“大人，皇上那边还不知是何决策，咱们还是快快回去为好。”

只见林则徐不紧不慢，掷地有声道：“烧了四十多天了，今天总算都干净了。只要这事了结了，别的，什么都好说。”

烟雾逐渐消失，有人悄悄感叹可惜，更多的人在拍手称快、欢呼雀跃。

只有林则徐，身影不动，目光炯炯。

虎门销烟，这场举世瞩目的活动，烧了四十多天，以它坚定的决心和浩大的声势震惊了世界。

放到现代观点中，虎门销烟必然是好事一件。但对于性格保守的道光皇帝来说，一切都变成了“不好说”：要不要斗争？“外国列强太强硬了，不好说”；要不要禁烟？“人数众多，不好说”；有没有行动计划？“等我再思考思考吧”。

道光皇帝其实不是没有果决过，鸦片涌入国内，白银大量外流，国库空虚，大批百姓沾染毒瘾，社会风气急剧下降，他在朝中也是严惩了吸食鸦片的大臣。

甚至，他决定派在江苏等地实施禁烟措施颇有成果的林则徐主持全面禁烟。

林则徐对鸦片深恶痛绝已久，在接到任命时，他信心满满，表明“若鸦片一日不绝，本大臣一日不归”的决心，即刻出发上路。

到达广州之后，林则徐立即召集所有的鸦片商人，要求他们在三天以内交出所有的鸦片，并且还要他们签约，发誓以后不再贩卖鸦片，不过大部分商家甚至包括官吏皆无所动。

好在还有明事理的秀才书生和举人与他阵线统一，经过他们的帮助，最终林则徐掌握了所有烟商、贪官污吏的名单。

历史上著名的虎门销烟就此开始了。作为思维严密的处女座，思考缜密的林则徐，决定采用“海水浸化法”销毁鸦片。

礼炮声轰鸣，士兵们齐刷刷地将一箱箱鸦片投入到盐卤池中，撒下烧好的石灰。

顷刻间，盐卤沸腾，浓烟滚滚，响声如雷。

销烟的过程足足进行了四十多天，销毁的鸦片约有 240 万斤。

当士兵们看到鸦片烧得差不多时，打开涵洞，鸦片的残灰便随着潮水进入到汪洋大海之中，随水而散、永不再见。

但是面对寥寥数人支持的禁烟行动，道光皇帝始终没有破釜沉舟的勇气。在虎门销烟后，由于利益受到了侵犯，外国政府不肯善罢甘休，道光皇帝不得不向外国强权屈服，下旨林则徐流放新疆。

现在看来，鸦片战争不就是外国对中国进行的一次贸易战吗？为了扭转对华贸易逆差，英国计划向我国售卖商品，但他们不把先进的技术引进中国，而偏偏把鸦片这种害人的毒品粉饰包装卖给中国，这样的居心实在可怕。

实际上，说贸易战似乎有点言过其实，毕竟当时的中国其实并没有还手之力，顶多只能算接受了来自英国的降维打击。

林则徐作为“外交部临时发言人”，给中国带来了一个高光时刻，奈何胳膊拗不过大腿，最终还是被道光按灭了小火苗。

被贬职角落？四处为官？不管在哪儿就是干！

夜深人静的时候，不知道林则徐有没有过埋怨和不忿，但是他肯定没有后悔过如此选择。他常挂在嘴边的那句“苟利国家生死以，岂因祸福避趋之”，将他宽广而深邃的心胸表露无疑。

黄沙漫天，孤城万仞，被流放到新疆的日子对别人来说是苦难的。可林则徐既不意志消沉，也没乐得清闲，他火速调整心情，将他对国家建设的一腔热血又洒在了这片远离行政中心的热土上。

他潜心研究新疆的风土人情，得知伊犁将军布彦泰正准备开垦惠远城东的阿齐乌苏荒地，便主动提出建议，捐办阿齐乌苏荒地，修建龙口工程，解决开垦荒地急需的水利灌溉问题，最终取得了很好的效果。

四年的时间，他以无权无势的遣员身份，与各族官民协商，听取意见，调查官民开垦荒地的意愿和可行性；他身体力行，丈量并调查可开垦荒地的具体情况，通过修建水利设施改善荒地开垦条件；他根据荒地周边民情，确认荒地的屯垦性质，为新疆建设作出了贡献。一个人就上演了一整部“山海情”。时至今日，“林公渠”依然流水潺潺，“林公柳”依然婆娑多姿。

林则徐为新疆发展作出的贡献展示了他卓越的治理能力。此时正是国家用人紧张之际，如此人才流落偏远之地，实在是可惜。于是布彦泰将军为其进言，道光皇帝重新下旨，林则徐又一次得到了重用。5 年内前后又担任了陕甘总督、陕西巡抚、云贵总督等职。

任职期间，林则徐为当地百姓镇压“刀客”、赈灾慰民、维护边境安定，作出良多贡献，直到 1849 年，64 岁的林则徐病重，回到家中休养。

1850 年，洪秀全的太平天国运动在广西兴起。朝廷强令林则徐抱病出山，以钦差大臣的身份去镇压起义。林则徐带病出征，然而在途中不幸去世。这位伟大的爱国者，将自己的生命和全部能量无保留地贡献给了这个他爱得深沉的国家，直到最后一刻。

“虎门销烟”是鸦片战争的导火线，这场战争是中国近代屈辱史的开端，中华文化和中华文明遭受了严重的破坏。一些偏激的人便认为是因为林则徐，西方列强才开展了对中国的侵略，他是千古罪人。

但以现代眼光来看，虎门销烟是晚清政府一次最正确的行动。虽然战败痛苦，屈辱的不平等条约纷至沓来，但林则徐等人坚持的禁毒信念，撕破了腐朽社会一团和气的假象，打破了清政府“天朝上国”的迷梦，揭穿了西方列强霸凌伪善、穷凶极恶的嘴脸。

我们宁愿在隧道中摸黑前行探索光明，也不愿意面对分崩离析的灭族亡种惨状，过程纵然有阵痛，我们终将迎来奋发图强的新纪元。

林则徐一直有颗坚毅的心，不曾被波折和坎坷动摇丝毫，无论是国民的不理解、外商的蛮横、领导的倒戈，他强大的心脏都不曾使他灰心丧气。他始终奔波在中华大地，以一己之力奋斗着，表达着对祖国的赤诚和爱。

林则徐是一道强有力的光，不管世间至暗至黑，都坚定自我，勇敢前行，照亮世人眼前的路。

Tips • **第一代五粮液商标名扬四海**

利川永作坊店内管账人周雨霖设计了第一代五粮液商标，商标上画有五种粮食的图案，上面写有“四川省叙州府北门外顺河街陡坎子利川永大曲作坊附设五粮液制造部”，并附有英文以利外销。商标长约14厘米、宽11厘米，用60克白报纸彩色石印。在进行五彩套色印刷中，还会撒上金粉（铜粉）以增亮。为使包装迎合国内外买主的不同爱好，利川永采用两种瓶型，一种是宜宾县象鼻场过桥窑所烧制的直筒形土陶瓶，一种是日本进口的“阿沙黑啤酒”棕色玻璃瓶，包装精美，引人注目。

愿一切有情，皆无挂碍

文 / 九公子的影

楔子

苏元瑛，字子谷，始名宗之助，幼居日本，周历各国。自少丧父，母不知所踪，族人以元瑛为异类，群斥之。年十二，遂为沙门。法名博经，号曼殊。后破戒，以师命离寺，乃东渡日本。学泰西美术二年，中途返乡再度出家，难耐佛门清苦，逃离返日。学政治于早稻田三年，其间立志革命，期覆清社。工诗善画，握笔成文，梵汉欧罗诸国典籍无一不通，小诗及寻常笔札，无世俗气。平生不解人事，不辨稻麦，不顾清规戒律，一如常人。体弱多病，却食欲亢进。晚居上海，好狎邪游，姹女在前，不破禅定。民国四年以肠胃疾卒于沪。平生爱美食、爱美景、爱美人，但更爱自己。

余因祖上与苏家有故，少时同曼殊生活数载。疯癫和尚，名扬内外，自是无数说部记述其事。然余通篇概览，多数乃与平昔所闻大异。余幼时有记小札之习，故今翻出，将有关曼殊之事悉数刊载，以表思君之情。

初识曼殊

你说尘世啰唆，不如清淡天和，一日日粗衣走过，阿弥陀佛。

你说贫僧清修，不近女色，旋即转身便走，留我看佛。

曼殊，你总是拿佛做借口。

苏曼殊，你跑什么？

十二月二日，晴

抚琴、丹青、舞、发呆、食、寝。两只蚂蚁在廊下打了好久都未分输赢，无趣。

十二月三日，阴

临帖、抚琴、发呆、食、寝。被父亲申斥。

十二月四日，半阴半晴

发呆、食、寝。水泉不甘，太损茶味。

十二月五日，微雪

无趣。无可记……

十二月六日，大雪

栗子在烤炉里噼啪作响，正有些倦意，就听见一串促急的脚步声由远至近，父亲掀帘而入，少有的严肃。

“你若子姨母的儿子元瑛要来了，少时你们常在一起玩耍，你该记得罢。”

我记得。元瑛是父亲旧友苏杰生叔叔与河合若子姨母的私生子，若子姨母产下稚子后几日即离开，元瑛便丢给她的姐姐河合仙照顾。在元瑛六岁时，苏家人把他带回了广东，此后再无联系，只偶有听说他在苏家过得并不好，遭到了几房姨娘的冷眼苛待。

“你杰生叔叔因生意惨败郁郁而终，那些婆娘便把错处怪罪在元瑛头上，说他是‘丧门星’。中日海战，北洋水师大败，邻里乡民把怨气发泄在有一半日本血统的元瑛身上，对他肆意凌辱。前段时间他大病一场，他们不给医治，把元瑛丢进柴房等死，没想到这孩子竟挨了过来。”父亲慢慢坐下，叹了口气。他与杰生叔叔因茶结缘，往日过从甚密，自是无限唏嘘。

“林紫垣前日来说，元瑛病好后直接跑去了庙里，出家为僧，取号曼殊，但是他偷吃肉，犯了大戒，又被逐出来了。紫垣想着，把他接来日本读书罢，住在我们家，也方便照顾。”

“元瑛是个苦孩子，你可不许欺负他。”父亲顿了一下，定定地看着我。

栗子烤得刚好，丢了一颗在嘴里，香气瞬间四溢。

元瑛哥哥，曼殊和尚，有趣。

世间事，万众生，从莫须有的罪名起步，行色简单，心术复杂。

十二月十日，大雪封门

曼殊来了。形状癫狂，沉默寡言。在大同学校读书，文理不通，却在绘画上展现惊人天赋。始学泰西美术，没几月，技艺突飞猛进。近来学校的梁启超教员在编辑教材时常邀他绘制插图，曼殊的脸上渐渐有了喜色。

我喜欢在他绘画时捣乱，他总是浅笑搁笔：“静子，我给你画纸鸢玩。”

十二月二十日，晴

曼殊似乎喜欢玉器，闲时总拿着父亲的收藏把玩。或凝神发呆，或念念有词。

我不解其状，某日终于小心翼翼地问起。

杰生叔叔曾为曼殊定下娃娃亲，后家道中落，这门亲事也不了了之。曼殊被逐出庙门之后为生计曾在街巷贩卖鲜花，摆摊的地方正巧是女家宅旁，婢女看见曼殊，悄悄唤来小姐。曼殊心神哀痛，自言无颜相见，请小姐不必再等，另就高门。小姐悲戚不已，当即解下所配碧玉赠予，发誓绝不另嫁。

后曼殊为钱所难，卖掉了这块碧玉，做了东渡日本的盘缠。总想着一日回去，再续碧玉前缘。可昨儿，香山来信，小姐忧思过度，撒手人寰。

“度一人，还是度众生？”曼殊问我。

晨光熹微，照在他的脸上，几近透明。

“芳草天涯人似梦，碧桃花下月如烟。可怜罗带秋光薄，珍重萧郎解玉钿。”

此事过后，曼殊形迹更加癫狂。

一月三日，晴

曼殊又暴食了。

向来如此，近来更甚。买了大盆的栗子，倾倒在火炉里，听着栗壳爆裂的脆响，欢喜得像个孩子。我看他低头熟练地剥食栗子，一个接一个，食指被烫得通红。

“曼殊，不要再吃了，栗子多食胀肚，你已经吃了不少了。”我实在看不过眼。

无人回应。栗壳爆裂的声响此起彼伏，直到曼殊腹痛大叫不止，满地打滚，声音才渐势微弱。

一月六日，微雪

曼殊嗜糖如命，吃得满嘴蛀牙，成天捂着嘴哼哼唧唧，父亲为他请来上好的牙医，换了口金牙。

一月七日，晴

曼殊牙不痛了，坐在蒲团上诵经，我靠在佛龛上昏昏欲睡，无趣得紧，便陡生一计。

搜肠刮肚地把听来的鬼故事说与他，曼殊无法，被逼到墙角捂起耳朵。曼殊本就畏鬼，这下更被我吓得夜不能寐。父亲知道后狠狠地训斥了我，此后，只要我一装神弄鬼，曼殊就往父亲房里跑。

三月九日，微雨燕双飞

曼殊回国了，他顿悟，说要弘扬佛法，解救苍生。

听说他在广州蒲涧寺对着住持以死相逼，方才再次剃度出家。六根不净，佛门从不是他的修行场，只是暂避地。待不长俗世，也安不下庙门。曼殊，你只是习惯性逃离。你总归会回来，不然，谁带我楼畔听雨。

九月六日，炎热

曼殊逃离寺庙，回到日本。

孙文在广州之役失败后，与陈少白等人亡命横滨，组建了兴中会，曼殊深受其影响，对大同学校主张的尊孔读经极为反感，常扼腕叹息。更一度打算枪杀尊孔派头子康有为，后被陈少白劝下，才未付诸行动。

陈少白怕他闲着闹情绪，就让他去做炸弹。曼殊食寝不安，费尽心思，做出的炸弹还不如孩童手里的“摔炮”威力大。

“一个和尚，红尘佛事，搅裹不清。”我揶揄他。

九月十八日，蝉鸣

曼殊去东京考取了早稻田大学，离开了我家。林紫垣每月只给他十元钱，经济拮据，曼殊搬入最下等的旅社。

日间收到他的来信，说每日白天勤奋念书，为夜晚温习省灯油。不觉清苦，黄兴、何香凝他们都在，大家组织义勇队，教授军事知识，以期救民众于水火。

十月十日，渐凉

近来曼殊来信颇多，无外乎正在组织革命工会、筹备革命报刊云云。也时常提及林紫垣已知他革命行为，极力反对，数次以断绝资助相威胁。

“我心匪石，不可转也。”曼殊每封信都如此说。

十二月二日，晴

曼殊被林紫垣强迫回国，去往长沙任教。此后信件渐少，只依靠陈少白、章士钊、柳亚子等密友往来日本带些曼殊近况。

据说痴病越发严重。

上课时，会突然发呆，一呆就是一节课。又或手舞足蹈，弄得学生莫名其妙。

与刘师培夫妇同住，半夜全身赤裸闯进夫妇房间，对着洋油灯破口大骂。

成天说要娶老婆，友人介绍妙龄女郎，他又仓皇逃出，连连念叨，我是出家人，有戒律需守。气得友人跳脚。半夜思来后悔，又抱着刘师培痛哭。

孙文接济他的钱财，路遇乞丐，便倾囊相赠。

我隐隐感到不安，儿时的非人遭遇带给他无法磨灭的阴影，随着时间演进，行为越发乖张的背后是曼殊对心伤的难以逃离。

无端狂笑无端哭，纵有欢肠已似冰。

四月八日，绿柳吐烟

一度春秋未有曼殊音信，无以可记。

四月十二日，梨花雨落

曼殊来信，阔别已久的熟悉字体。

列了长长的名单，记述与他交往过的几十位歌伎舞女，花酒甚美，自言沉迷。“只求灵魂之伴侣……不动凡心，不破清规。”

“依然嗜糖如命，摩尔登糖甘甜绝美，日啖三罐不止……”

陈独秀说，无钱时，曼殊就抠下嘴里的金牙换糖吃。

罢！用多少美人和蜜糖才能驯服一颗野心，手段和智谋弃置荒野，一些人被另一些人用旧了，也只能在酒色中辉煌度日。

七月二十五日，阴

我决定去中国看看曼殊。

饕餮无度、暴饮暴食。他患上脑疾、疮痛、寒疾、痢疾、咯血症、肠病、肝症。大半时间在医院度日，却依然不听劝阻，偷溜出去买糯米糕吃。

两日一小便，五日一大便，他的肠胃功能已经十分紊乱。护士在病床下发现他偷藏的糖栗子、各类米果糖点、吃空的摩尔登糖罐。“你来劝劝罢。”陈独秀托人带话。

八月十二日，晴

曼殊见到我欣喜若狂，嚷嚷着带我去吃酒，隔壁街巷新开了酒肆，酒酿入口甘美、落喉净爽。

我们席地而坐，看着掌柜和小酒保忙碌着把五种杂粮细细挑选，用以精酿。

“这酒名极美，叫姚子雪曲。”

“这世间啊，唯二饮最难割舍。一是这姚子雪曲，二便是静子雪茶。”曼殊哈哈大笑，看向我的眼神却有丝苦涩。

“宜宾锁江地有安乐泉，水味之美在僰人地区可称第一。姚君玉取此水酿酒，汤清似雪，便是此名由来。”掌柜殷勤斟酒：“姑娘尽可尝尝。”

我们每日醉酒，聊少时趣事。画歪的纸鸢、玻璃糖纸，还有噼啪作响的烤栗子。我不劝他，也自知劝不动他。受尽欺辱的儿时阴影早已把曼殊摧磨殆尽。他痛苦至极，无以解脱。

暴饮暴食，是他的自杀方式。

尾

在我来后的次年，曼殊病殁。

初雪下得异常大，我小心翼翼收集梅花上的积雪，想攒一瓮，封存地下，来年为曼殊烹茶。

曼殊死了。

舍了姚子雪曲和静子雪茶。

我日日醉酒，晚间便闭目在经殿香雾中，寻他诵经中的真言。

转眼数载。

有名士说姚子雪曲太过高寡，改五粮液为妙。

时光陡变。

没有人再提及静子雪茶。金樽交错间，琼浆玉露五粮液，又映着谁的笑颜?

我想再看看你的脸。

曼殊，三十载，唯念君耳。

如果诗人当上白酒评委，这瓶酒必能拔得头筹

文 / 九公子的孟婆汤

文坛中，有一群文人，爱酒如命，每逢饮酒必写几首诗词助兴。他们才高八斗，妙笔生花，在他们的笔下，美酒的颜色是“兰陵美酒郁金香，玉碗盛来琥珀光”，美酒的味道是“春酒甘如醴，秋醴清如华”，美酒的香气是“三日开瓮香满城，快泻银瓶不须拨”。

如果让古代诗人做白酒评委，什么酒能够拔得头筹呢？

实力破戒　这瓶酒古今留传奇

实际上，诗人想当白酒评委是有难度的。一旦做了白酒评委，那就不能“痛饮狂歌”，更不能“会须一饮三百杯”了。因为白酒评委要保证味觉和嗅觉的敏感，平日是不能随便喝酒的。

但戒酒这件事，对诗人来说太难了。辛弃疾，从 40 多岁开始戒酒，到 60 岁还在写饮酒词。陶渊明曾写过一首《止酒》，用了 20 个“止”字来表明戒酒决心，但最终也没有成功。

有这样一种美酒，让戒酒数十年的北宋大诗人黄庭坚破了戒。

破戒后的黄庭坚不仅没有为自己定力不够感到羞愧，反而大笔一挥，写下了一首流传千古的品酒诗《安乐泉颂》。诗中赞美了美酒姚子雪曲“杯色增玉，白云生谷，清而不薄，厚而不浊，甘而不哕，辛而不螫”，寥寥数语写尽酒质的精髓，也让它在诗歌史上有了名字。

早在黄庭坚品尝姚子雪曲的200多年前，诗圣杜甫早已品尝这个美酒。唐永泰元年（公元765年），唐代诗人杜甫途经戎州，当时的戎州刺史杨使君在东楼设宴为他洗尘。在品尝当地特产的重碧酒和荔枝后，杜甫当即咏出“重碧拈春酒，轻红擘荔枝”的佳句。杜甫离开戎州后，重碧酒便被戎州官府定为名酒“郡酿”。

1909年，晚清举人杨惠泉折服于它开盖便弥漫全屋的酒香，因其“集五粮之精华而成玉液”，为它取名五粮液！

虽然古代诗人们注定当不了白酒评委，但他们依然用精彩绝伦的诗句描绘了美酒给他们生活带来的快乐与美好。

一举夺冠　全国评酒会大放异彩

时隔千年之后，有人完成了古代诗人们的“愿望”。

1963年，第二届全国评酒会举行，来自全国27个省、市、自治区的196种酒参加了评选。五粮液在评选过程大放异彩，色、香、味各项指标均脱颖而出，获得“八大名酒”第一名，一举确立了“名酒榜首”的地位。

实际上，1953年，在百废待兴的新中国初期，已经举办过全国第一届评酒会。但是当时五粮液刚由8家古传酿酒作坊联合组建而成，还处在改制和重新组建的发展阶段，错失了获得第一届全国名酒称号的机会。

但在第一届评酒会举办时期，我国酒类工业尚处于初级阶段，无论是企业数量、产品种类，还是工业化程度，均有不足。

经过 10 余年的发展后，到了 20 世纪 60 年代，全国国营酒厂已经达到了几千家，国家也重点发展了一批生产名酒的老厂。为了促进酿酒工业的发展和提高产品质量，第二届全国评酒会应运而生。

与匆匆而来的上一届评酒会不同，第二届评酒会不仅覆盖的酒类范围更广，荐选程序和评审标准更为严格，由评酒委员对酒样按色、香、味进行打分，并用密码编号暗评，以最大限度保证公平、公正、客观。这次被业界公认为真正意义的全国性评酒会。

只可惜，全国评酒会举办到第五届便成了“绝唱”，而五粮液除了缺席第一届评酒会，其余四届，五粮液均荣获国家名酒称号及金质奖，成为当之无愧的浓香典范、白酒龙头。

回忆起这五届全国评酒会，曾担任过评酒委员的白希智不胜感慨：“老五届全国评酒会已过去 30 年了，我国白酒行业发生了深刻巨变，这五届全国国家评酒的深远影响值得回忆。”

在评酒会上，品酒专家这样评价五粮液：“香气悠久，味醇厚，入口甘美，入喉净爽，各味谐调，恰至好处，尤以酒味全面而著称。”这与 900 年前黄庭坚诗赞姚子雪曲的诗句有着惊人的相似。

匠心不变 成就千年风味

对于五粮液来说，“第一名”虽然姗姗来迟，但千百年来，它早已用浓香醇美的风味征服了无数文人骚客的味蕾。

无论是千年前黄庭坚饮酒后挥笔写下的“清而不薄，厚而不浊。甘而不哕，辛而不螫”，还是当代白酒泰斗盲评后盛赞的“各味谐调，恰至好处”，所有美感沿着历史脉络渗透进五粮液的灵魂中，始终如一，成就千古风味。

任时光流转，五粮液世代酿酒匠人始终执着于匠心，延绵不断地传承千年酿造工艺，让这一杯浓香醇厚延续至今。

粮为酒之肉。“荞子成半黍半成，大米糯米各两成，川南红粱凑足数”，宜宾富饶的资源赋予了五粮液特有的酿造工艺——取五粮精华酿玉液琼浆。

曲为酒之骨。五粮液独创“皮薄心厚、菌系丰富、浓香纯正，并且糖化力高、发酵力强”的“包包曲”，保证了“酒味全面”的独有品质。

水是酒之血。五粮液选用取自打入地下90米深处的岷江古河道水，甘美净爽，滋润着这传世美酒。

窖是酒之魂。五粮液已有654年窖龄的明初古窖池沿用至今。古窖泥含有数以亿万计酿酒微生物，酿成古今合润的甘露，香醉了时光。

五粮液始终秉承“用心不计代价、用工不计成本、用时不计岁月”的理念，坚持古法纯粮固态发酵酿造工艺，通过不断总结形成的“一极三优六首创六精酿”酿造秘诀，历经100多道繁复严谨的工序，确保每一滴美酒都达到极致品质。

正如评酒专家评价的那样，五粮液的浓香飘散四座，饮用后，余香不尽，属出类拔萃之佳品。

五粮液从长江源头走来，穿越时空，醉了一条大江，香了千年时光，以天地至味，让人念念不忘。

Tips • **邓子均改良“陈氏秘方”**

邓子均尝试改良“陈氏秘方”，将“杂粮酒”升级。试产时，邓子均将杂粮酒带到当地的酒楼茶馆邀人品尝，并根据意见进行改进。经过持续摸索，邓子均确定优选高粱、玉米、大米、糯米、荞子五种粮食酿造“杂粮酒”。第一次烤出的酒，味浓、香冽，但尾味带涩，认为荞子多了。复经二次烤作，结果涩味全无，但酒性带燥，又认为玉米多了。再经研究，邓子均决定调整粮食比例，结合四时气候以及曲蘖定量多少等因素，终于改良成功。

揭秘！
千古流醉的浓香之路如何铺就？

文 / 九公子的散丹

上下五千年，天地蕴玄机，五粮呈玉液，香飘寰宇间。

五粮液，位于万里长江第一城宜宾，汇聚天地灵气，荟萃五谷精华，沉淀千年岁月。在传承与创新中，从小小酒坊到如今的“中国酒业大王”，五粮液完成了一次次华丽的转身，将一杯醇香浓味保留至今，缔造了一段浓香传奇。

缘起：钟灵毓秀　一脉五粮浓香传古今

从唐宋的“重碧酒”“姚子雪曲”、明清的“杂粮酒”，到延续至今的五粮液。三江源头的宜宾用它独特的气候孕育了飘香古今的神州佳酿。

故事的最初，五粮液只是一张小小的酿酒配方。宋代时，宜宾姚氏家族私坊使用蜀黍、大米、高粱、糯米、荞子五种粮食混合，一同酿制，五粮液最成熟的雏形“姚子雪曲”由此问世。等到清代初期，烤酒师陈三继承了姚氏产业，总结出“陈氏秘方”，时称“杂粮酒”。

在很长一段时间内，老百姓叫它“杂粮酒”，而文人雅士还是喜爱称它“姚子雪曲”。一樽美酒，两种称呼，只因为它庞大的消费群体和使人流连忘返的滋味。

直到1909年，晚清举人杨惠泉在一场文人雅聚中遇上了它。那席餐饭高朋满座，社会名流、骚人墨客举杯交筹，杨惠泉在热闹的氛围怡然自得。酒席过半，有人打开一瓶酒，所有人都陶醉于满屋喷香的酒气中。

杨惠泉回过神来，问道：“这是什么酒？”

带酒过来的酒坊老板邓子均答道：“自家店里酿的，大家都叫它‘杂粮酒’。”

“此名谓何？”

“因为这酒是五种粮食精华酿造的。”

杨惠泉纵情文坛，没少饮酒，但是他从来没见过这么多种粮食一起酿造的酒，而且这酒不但气味芬香，品尝起来更是甘甜回爽。

他一时心中激荡：“如此佳酿，名为杂粮酒，似嫌凡俗，既然此酒集五粮之精华而成玉液，何不更名为五粮液？”

他话音一落，众人纷纷拍掌称好。

杨惠泉或许没有想到，酒桌上的一句话，使他连同这个名字流传至今。

此后的百余年间，五粮液之名响彻中华大地，美名享誉全球。

绽开：实至名归　誉获酒业大王盛名扬

1995 年，对于五粮液来说似乎是一个“收获”的年份，不仅得到“中国酒业大王”称呼，更在巴拿马第十三届国际贸易博览会上获得了金奖。

作为第一批远渡重洋的白酒，五粮液一鸣惊人。它独特的口感、繁复的技艺、悠久的历史，令外国友人惊奇，更令他们着迷。几经评审，五粮液以其卓越的品质征服评委，脱颖而出。

五粮液蜚声内外。1931 年，上海“利川东”商号再来宜宾，又专程去“利川永”购买了 6000 斤“散酒”，改包装后运往美国檀香山、旧金山等地销售。

千年岁月砥炼，五粮美酒日益飘散出浓郁的芬芳。

1963 年，五粮液在第二届中国名酒评选中评为中国八大名酒之首；1995 年，被国际统计大会、中华人民共和国国家统计局授予“中国酒业大王”的称号。

至此，五粮液耀居中国名酒之巅。

“中国酒业大王”的称呼，只是节点，不是结束。五粮配方、包包曲、跑窖循环、沸点量水、双轮底发酵、勾调双绝……五粮液传承创新着酿造技艺，使得酒味愈浓。在变化与革新中，五粮液迎接着一次次赞扬和荣誉，持续为千年的酒魂增色添彩。

盛放：铢积寸累　酝酿后千亿时代新传奇

从几百年前的小酒作坊到如今千亿级的集团企业，“中国酒业大王”在 21 世纪，依旧声名远播。

独特的五粮纯粮固态酿造技艺、明代老窖池酿造车间，五粮液的技艺精髓从岁月的深处延续，见证着五粮液的发展与繁盛。

现如今，五粮液已然傲立白酒市场，但前进的脚步从未停止。在传承与改革中，在变化与不变里，演绎着白酒作为中华文化代表的精彩。

“用心不计代价，用工不计成本，用时不计岁月”，五粮液以酒体创新、工艺创新不断满足以品牌、品质、品位为核心的消费需求升级。

2019 年年末，在五粮液 1218 共商共建共享大会上，集团董事长李曙光自豪地宣布：五粮液集团实现了稳中有进的新发展，集团销售收入跨越千亿台阶已成定局！

如今的五粮液正以强劲的发展态势、卓越的成效、高速增长的营业收入，使市值和品牌价值屡创新高。

石火光阴，人世沧桑。如今，开放合作、开放创新、开放共享早已成为当今世界的发展潮流，飘香白酒作为“一种通用语言”，连接着各国相通的民心。

从当年的巴拿马博览会，到如今的世博会、进博会、达沃斯论坛、东博会，几百年以来，五粮液持之以恒、坚持不断地讲述着中国故事，在全球酒业的竞合格局中，不断构筑起更加强大的中国精神、中国价值、中国力量。

肩负着“中国酒业大王”的责任，五粮液致力让白酒成为“中国潮”的一部分，让更多国际友人爱上中国白酒。

于你、于我，为这个优秀的“中国酒业大王”敬上一杯。感谢它用五粮浓香点缀生活，感谢它让匠人精神永续流传，感谢它让白酒文化绵延繁盛，感谢它为全球同胞递出一张精彩的中华名片！

Tips • 五粮液酒瓶楼创吉尼斯世界纪录

漫步宜宾街头，不时会有千姿百态的酒文化雕塑映入眼帘，但是最显眼的，便是五粮液巨型酒瓶楼，甚至在来往宜宾的飞机上就可以看到。五粮液酒瓶楼立于五粮液十里酒城，由配电站装饰而成，外形是大家最熟悉的五粮液酒瓶形状，高达 75 米的壮观场景被载入了《吉尼斯世界纪录》。

探寻漫漫岁月中那一壶老酒

文 / 九公子的散丹

五粮液这个耳熟能详的名字，从岁月深处缓缓移行，如一座巍峨的山，一本厚重的书，让人充满一探再探的欲望。

2006 年 12 月，首批“中华老字号”企业评选出炉，宜宾五粮液集团脱颖而出。

五粮液连同着“老字号”这一熟悉又陌生的字眼出现在大众面前，这回它代表的不只是一杯浓香佳酿，不只是大型国有企业集团，更是一部白酒进化史，是中华文化的具象演绎。

五谷见证悠悠岁月

何为古老？

人类起点源头够不够？

十万年光阴荏苒，智慧的祖先依托着水和粮的供给，繁衍生息，延绵不绝。

粮食作为食物供给，穿越漫漫的悠长年岁，见证了大陆板块漂移拼凑、海上丝绸之路的兴衰更替，文明在一茬茬的粮食生衍

中实现着交融与更新。

商朝，一颗拥有强大繁殖能力的小麦种子，沿着青铜之路，自西亚一路奔袭，在我国广袤的土地上生根发芽。

2500 多年后的北宋，非洲盛产的高粱马不停蹄地跟随人类的脚步到达印度，经由海上丝绸之路，与香料、珠宝一起来到了中国。接下来的 400 年中，拉美洲人餐桌上的常客玉米，也穿越浩渺海洋和崇山峻岭的距离，一路向西。

原产中国的大米与糯米，在江南的鱼米之乡中一直坚守着最初的繁荣与生机。

几万里跋山涉水，粮食作为使者，连接着各大洲间不同的风俗、信仰、文化艺术，丈量着人类文明，见证着人类繁荣。

白酒酿造千年文化

粮食一路漂泊，在人杰地灵的宜宾，通过勤劳聪慧祖先们的创造，实现了融合与创新——历史记载，生活在宜宾的僰、汉、苗、彝、僚各个民族安营扎寨后，持续奋斗于酿酒事业。

时光积蓄中，宜宾的酿酒师熟练掌握农作物与酿造之间的关系，以朴素的东方哲学观，道法自然，顺应天时、地利、人和，实现“天人共酿”。

白酒成为这个千年小城的标志之一。

从窨酒、咂酒、重碧酒、杂粮酒到现今的五粮液，几千年间酒水不停地演变与传承，几千年间泥土与泉水的交联，香气四溢。

与远古的时代用一种或两三种原料酿制的酒不同，宋代宜宾绅士姚君玉用五种粮食混合酿造出“姚子雪曲”；明朝初年，宜宾陈氏子孙陈三承前启后地总结出“荞子成半黍半成，大米糯米各两成，川南红粱凑足数，地窖发酵天锅蒸”的陈氏秘方，酿造出酒味层次更为丰富、营养成分更为多样的“杂粮酒”。

宜宾白酒寻找到了五谷间妙不可言的平衡点。

坚守传承初心不改

数百年后，陈氏秘方历经数十代口传心授秘法相传，传到了民国酿酒技师邓子均手中。

邓子均是个严谨又爱钻研的人。配方传给他后，他反复摸索、不断对比试验，不厌其烦地酿造、品尝，终于酿造出醇美甘香的“杂粮酒”。

晚清举人杨惠泉尝过此酒后，咂舌称赞，感叹道：“如此佳酿，名为杂粮酒。既然此酒集五粮之精华而成玉液，何不更名为五粮液？”

邓子均欣喜采纳此建议。

至此，五粮液闻名于世。

几千年岁月变迁，五谷作为原料，跨越时间与空间的距离，酿造出香飘天下的佳酿。1915 年巴拿马万国博览会召开，历史

的机缘巧合下，五粮液出马参赛，崭露头角，揭开了五粮液同时也是中国白酒国际化的序幕。此后，五粮液销往美国旧金山等地，获得了海外人士和侨胞的高度赞扬。

聪明的邓子均料想到了树大招风的隐患。1932 年请著名画家以五种粮食为原型设计绘制了第一版五粮液商标。为了保护配方，他将“五粮配方”的图案去掉了糯米，增加了胡豆。如果按照图案上的配方酿酒，味道恐怕值得想象。

浓香老酒重绽新时代

匠人用尽一生的时光，心甘情愿成为技艺的教徒，虔诚地伏倒于枯燥单调的重复中，用智慧与心血守护这一樽佳酿。

1949 年，宜宾解放，大大小小的糟坊合营进行统一管理，被戴上资本家帽子的邓子均赋闲在家喝闷酒。

为了重振五粮液，常穿草鞋，有“草鞋专员”之称的第一届宜宾行政公署专员李鹏多次拜访邓子均，邀请他重新出山。

一日，两人小酌，李鹏说：“虽然您是有产阶级，但您还是劳动人民出身。”简单的一句话让邓子均湿了眼眶，千言万语不知从何说起，拿起了李鹏带来的五粮液小抿一口。顿时眉头紧锁，满脸失望。这不是他熟悉的五粮液，因为不是照他的配方制作，色香味都差了一大截。

沉默许久，邓子均颤巍巍的手从兜里掏出一张叠得四四方方、用黄绸包裹的“陈氏秘方”，郑重地递到李专员手里。

此时，邓子均已 78 岁高龄。

在他的指导下，五粮液迅速恢复生产，质量不断提高，佳酿传奇延续至今。

老字号闪亮新情怀

2008 年 8 月，全球最权威的财经媒体《华尔街日报》公布一年一度的“亚洲 200 家最受尊敬企业调查”结果，五粮液等十家企业摘取“中国十大最受尊敬企业”桂冠。

“中华老字号”民族品牌五粮液千年的坚守与传承获得世人的赞同与肯定。

中华民族渊源的历史，需要沉浮其中的品牌维系，需要一代代匠人匠心的发扬。类似五粮液这样的老字号品牌，在新时代的发展中更显珍贵。

相信五粮液将以不停歇的匠心酿造，赋予时光更多的酒香，让“老字号”的招牌继续闪亮。

五粮液与北岩寺，
禅酒相依的奇幻之旅

文 / 九公子的散丹

在中国传统文化里，寺庙始终是虔诚的代表。如今，即使身处钢筋水泥的丛林间，我们依旧会在城市深处寻找那平和的圣光，以期内心的宁静安详。

川南佛堂斜阳里　梵音入耳听

千年的文化积淀，散落在幅员辽阔的中华大地。于不同的景致和风土人情中，我们总能找到同样的历史文脉。万千佛堂斜阳里，总有梵音入耳听。

佛教传入中国，始于东汉，兴于隋唐。西行取经的玄奘归国，让中华大地上的佛法传扬更进一步。在国力强盛、开放包容的唐朝，各类文化文明交融碰撞，少数民族、异域人士会聚长安。佛理道学、古文诗歌、书法绘画、音韵舞蹈、天文历法，各类内容异彩纷呈，中华文明笑傲世界。

三江汇聚天下之源，巴山蜀水川话辛甜，在润泽的水汽中，碧色绵延。有西南半壁之称的宜宾，拥有近四千年的历史沉淀，文化、道教、佛教、酿酒文明深根厚植其中。无数名胜古寺，几经沧桑，在寒来暑往的岁月蹉跎中，见证着骚人墨客的悲欢情仇。

在老宜宾人熟悉的旧州大坝，就有不少道键禅关，四处散落。雄伟的唐代大佛陀石刻，巍然耸立的北宋旧州古塔，还有黄庭坚留下的曲水流觞流杯池。这些沉默无语的砖瓦铺砌、雕像建筑，用另一种方式讲述着历史的变迁。

岷江烟波浩渺中　望定北岩寺

明代嘉靖二十五年（1546 年），政府害怕庶民谋反，在宜宾建造了北岩寺以压制谋反。当时寺名为“崇海庵”，是一所尼众道场，那里也曾宁静祥和，香火缭绕。可惜明末兵火战乱，崇海庵遭到损毁。

清乾隆二十六年（1761 年），崇海庵重建，更名北岩寺，延续至今已有 400 多年。

在之后几百年的岁月变迁中，北岩寺也曾年久失修，一度殿宇荒废，但寺址却未曾移改，1990 年又经修缮，定为尼众开放寺庙。彼时的古庙已经焕然一新，庭院气派壮观，让比丘尼们在此找到一片安宁。

如今北岩寺门前和正殿都有“巴蜀才女”“中国第一比丘尼”的隆莲法师专门作的对联。寺门曰：“国土恩深，宜上高楼瞻北极；山林日永，宾来小憩隐岩阿”；正殿曰：“佛日丽中天，万派朝东，群星拱北；法云登胜地，香光严座，花雨霏岩。”

庭院中，130 多岁的黄桷兰树依旧常青不倒，一树的繁华从年头存到年尾，片片朵朵慢慢坠地，常有余香。

山林寺外，郁郁葱葱的罗汉松生气勃勃，寺内黄桷兰树、玉兰树、桂花芬芳馥郁，自然的灵气在宜宾这片气候环境宜人的土壤中尽情展现，伴随着晨钟暮鼓、袅袅香烟，日复一日、生生不息。

古寺青灯佑佳酿　酒香飘千年

虽然宜宾城古寺数量众多，但并不是以古寺而闻名，因为它有个更为知名的称号——中国酒都。这里拥有享誉世界的五粮液酒厂，作为世界最大酿酒基地，可以说宜宾半座城都是五粮液。北岩寺便坐落于上江北五粮液集团公司厂区，正对岷江岸边的五粮液园区生态湿地。

世间至阳至烈的饮品生产基地与佛家阴柔清净境地比邻，甚是奇妙。

走在五粮液生态湿地，古色古香的仿古楼宇耸立，正对江天壮阔，让人忘却凡事，涤人遐思。黄昏时分，落日熔金，暮云合璧，北岩寺更显庄严肃穆。

在岷江边的另一条老街上，五粮液引以为傲的老窖池也在夕阳下熠熠生辉。同北岩寺一样，老窖池始建自明朝，甚至比北岩寺还要早上两百年。其中最老的窖池始可追溯至明朝 1368 年，是迄今为止国内发现的建造最早、从明初一直连续使用至今、使用功能完好、从未停止过发酵、保存最完整的地穴式发酵窖池。

文明不可复制，生态不可复制，五粮液古窖池不可复制，只有在宜宾这座环境独特的城市，一切才有可能发生。在特殊的地质、土壤、气候等条件下，在独特的工艺条件辅助下，老窖池经过长期酿酒发酵逐渐富集、驯化窖泥微生物。目前微生物种群达到数百种，由这些微生物参与发酵酿造而成的五粮液，香气悠久，味醇厚，入口甘美，入喉净爽，各味谐调，恰到好处，尤以酒味全面而著称。

来自 654 年明初古窖池的酒香交融着祈福祷告的梵香，成就了宜宾街头独特的芬芳。喝着这样的美酒佳酿，走在北岩寺的石阶上，历史的厚重气息扑面而来。在百年时光中他们并立而成，将繁荣昌盛一同娓娓道来。

白酒与寺庙都是中华传统文化的精髓。在宜宾这座老城，五粮液用它的和谐与创新包容着更多的可能，北岩寺也用它的平和与安泰尽力回馈。这样的和美，大概就是中华民族对美好生活追求的最佳体现。

时光还在继续，让我们期待文化的传承与建设愈加辉煌。

问世间情为何物？
他们，用生命写下答案

文 / 九公子の桐

岷江北岸，五粮液十里酒城，空气中氤氲着淡淡的酒香，这里绿树成荫、风景如画，常年游人络绎不绝。但游人往往流连忘返于酒文化博览馆、酒圣山、五粮液瓶楼等知名景点，却很少有人知道，在五粮液东大门西北方向 3 公里处的一座小山上，隐藏着一个神秘去处，或更能够体现五粮液人的情怀与精神。

踏着布满青苔的石板拾级而上，小山上翠竹繁茂，有溪水潺潺，有鸟鸣清脆。在山腰的一片红薯地附近，有一个不起眼的小土包，如果没有前面立着的写有“伟大的兔爸爸”的木牌，几乎很难让人注意到。据五粮液人介绍，这是为一只兔子修建的坟墓。

“兔爸爸”是谁？为何要为一只兔子建造坟墓？这背后发生过怎样感人的事情？

故事要从 2009 年那个特别冷的冬天说起……

父爱浩瀚　用我余生换你一世温暖

当年，五粮液集团交管大队都是20多岁的毛头小伙，为了培养铁汉柔情，把养小动物作为文化建设的一项重要内容。从小狗、小猫，到小兔子，交管大队的小伙子们在与小动物们的朝夕相处中，慢慢培养了爱心，像呵护孩子一样照顾这些小动物。

2009年冬天，宜宾市异常寒冷，为了让已经怀孕的兔妈妈过个温暖的冬天，交管大队特意搭建了新的兔子窝，每天把兔子窝带到阳台上晒太阳，晚上再带进屋里。

这一天，交管大队临时接到紧急外出任务，仓促间，没来得及将兔子窝带回室内。当夜，宜宾忽降大雪，气温更是降至冰点。

第二天早晨，疲惫的队员们匆匆赶回，当他们打开兔子窝时，惊喜地发现，兔妈妈已经分娩，母子平安，12只兔宝宝身上盖了厚厚的一层毛正在安睡。当队员们正诧异哪儿来的毛为兔宝宝取暖时，发现全身毛几乎脱尽的兔爸爸正蜷缩在兔窝一角，全身冰冷，已然冻死。

兔窝外，寒风刺骨；兔窝内，和暖如春。俗话说“狡兔三窟”，因为弱小，兔子生性胆小怕惊，对危险十分警惕。但兔爸爸为了保护新生的兔宝宝，竟然能够抗拒生理本能，薅下自己的毛，宁肯自己冻死，也要拼尽全力为孩子送上它们来到世上的第一份温暖。

然而，这也是它能够提供的最后一份温暖。

这种父爱浩瀚似海，壮烈如歌，让人感动。

队员们感念于兔爸爸伟大的父爱，眼含热泪，在交管大队附近选了处幽静的地方将兔爸爸安葬。那一窝小兔子也在大家的呵护下茁壮成长。

如今，每当有新人加入，五粮液交管大队的老队员都会带新队员去拜访“兔爸爸之墓”，让这个关于爱心、关于责任、关于永恒的故事永远流传。

爱情坚贞　用生死坚守最初的承诺

万物有灵，情感皆相通。实际上，早在800多年前，汾河岸边发生过同样荡气回肠的故事。

公元1205年，16岁的元好问赴京赶考，途中偶遇一位猎人。猎人手捧一只死去的大雁，望着远处一只躺在地上的大雁，不知所措。

元好问感到好奇，上前询问。

猎人答道：“两只雁本是一对，我捕杀了一只，让另外一个给跑了。可是跑的那只一直不走，在天上盘旋哀鸣，最后居然撞在地上死掉了。”

虽然猎人说得轻巧，但是元好问听了却十分感动，他随即掏钱买下了两只大雁，把它们在汾河岸边一同埋葬，还为它们立了一座小碑，取名“雁丘”。

面对大雁这生死不渝的痴情，年纪轻轻的元好问感触良多，提笔写下流传千古的《摸鱼儿·雁丘词》：

问世间，情是何物，直教生死相许？天南地北双飞客，老翅几回寒暑。欢乐趣，离别苦，就中更有痴儿女。君应有语：渺万里层云，千山暮雪，只影向谁去？

横汾路，寂寞当年箫鼓，荒烟依旧平楚。招魂楚些何嗟及，山鬼暗啼风雨。天也妒，未信与，莺儿燕子俱黄土。千秋万古，为留待骚人，狂歌痛饮，来访雁丘处。

“问世间，情是何物，直教生死相许”这一直抵心灵深处的发问，成为千古名句，被世人传唱；两只大雁的殉情故事跨越物种、跨越时间、跨越生死，谱写了关于忠贞、关于深情的爱情传奇。

凭借这首词，元好问也在文坛崭露头角。不幸的是，他生逢金元之际的乱世，即使才高八斗，依然免不了颠沛流离。

元好问亲历了金朝衰亡和蒙古灭金的全过程，金国灭亡后还曾被囚数年。“国家不幸诗家幸，赋到沧桑句便工”，作为重情之人，元好问不仅感念于万物间真挚的感情，更笔耕不辍，用诗词记录山河破碎的惨烈、国破家亡的哀痛。

“道傍僵卧满累囚，过去旃车似水流。红粉哭随回鹘马，为谁一步一回头”“岐阳西望无来信，陇水东流闻哭声。野蔓有情萦战骨，残阳何意照空城”“白骨纵横似乱麻，几年桑梓变龙沙。只知河朔生灵尽，破屋疏烟却数家”。元好问的丧乱诗字字泣血，笔笔含泪，成为继杜甫后又一现实主义文学的高峰。

被称为“半个圣人”的曾国藩曾这样评价元好问：“元好问是自汉魏至宋金元之际，中国五、七言诗的黄金时代的最后一位大诗人。”

大爱无疆　用天人合一创造美好

年少时，元好问为殉情的大雁垒起“雁丘”，也垒起了他一生追求爱与坚贞的底色。他始终眼有星辰大海，胸有丘壑万千，在兵荒马乱的年代，以一颗赤子之心勾勒气象万千。也正因如此，元好问笔下的诗句，划破历史长空，击中后代无数读者的心灵。

美好的感情是相通且永存的。兔爸爸去世 11 年之后，一位新华社高级记者在五粮液采访时听到了这个故事，不胜唏嘘，次韵《摸鱼儿·雁丘词》填词一首，以缅怀忠贞殉情的大雁、自我牺牲的兔爸爸以及一切至情至性的生灵：

叹流年，雁丘兔冢，神伤往事如杵。三江萍聚千秋雪，落叶惊涛狂舞。今世渡，来世苦，至亲真爱天涯路。情牵万古。任冬去春来，孤身影吊，俯仰月归处。

难倾诉。漠漠云烟四顾。人非物是心怵。浪急风骤襟怀阔，辗转几回寒暑。鸦反哺，羊跪乳，人间性命无常数。乾坤暂住。问天下苍生，真情谁予，不枉死由取？

——《摸鱼儿·雁丘兔冢》

“问世间，情为何物？”是对亲情的守护，不顾自身安危，宁可牺牲性命，只求家人平安喜乐；是对爱情的坚守，无论世事巨变、沧海桑田，只求生死永不分离；更是对天地万物的珍爱，尊重生命，凭一己微薄之力，追求天人合一的和谐。

“问苍生，真情谁予？”从当年乱世的丧乱流离，到如今盛世的幸福和美，人们对真情的追寻始终未变。在宜宾这一钟灵毓秀之地，五粮液人正默默守护着一方的水土与生灵，守护着园区的一草一木、一畜一禽，守护着那些看不见的微生物环境。

佳酿本天成，妙手心追之。白酒作为自然与人类沟通的结晶，大自然对五粮液的恩赐从未断绝。五粮液诞生于地球上同纬度最适宜酿造纯正蒸馏白酒的地区，这里气候温润，岷江底部 90 米水甘美净爽，弱酸性黄泥黏土独一无二，独特的气候、水资源、土壤孕育了完善的微生物生态链。微生物滋养着窖泥的灵性，这些“看不见的酿酒大师”游走于窖泥、酒糟、空气之间，在微观世界上演着和美与共，养蓄出浓香芬芳。

酿酒是天地造化与人类智慧的完美结晶。五粮液一代代匠人披星戴月、殚精竭虑，花费毕生心血探寻美酒酿制的神秘法则，终成和谐完美、回味无穷的传世佳酿。

千年时光流转，唯有爱与美酒不可辜负。五粮液用高雅醇厚的美酒回馈岁月以浓香，用追求极致的匠心回馈时光以经典，更用浩瀚无疆的大爱回馈世人以温暖，这种精神和情义值得永续传承。

Tips · **华罗庚优选法成就五粮液低度酒**

当时五粮液负责科研技术工作的刘沛龙正在琢磨五粮液度数为什么不能降低的问题，他做了六年试验，依然没有成功。1978 年，华罗庚率领一个小分队来到四川推广他发明的优选法和统筹法。所谓优选法，是华罗庚运用黄金分割法发明的一种可以尽可能减少做试验次数、尽快找到最优方案的方法。刘沛龙在酒度 50 度与 30 度之间，用 0.618 法进行优选，最终选出了 38 度和 35 度这两个最佳度数。

刘沛龙装了两瓶 38 度和 35 度低度酒送给华罗庚，并在酒瓶上题了两句表示感谢的话：“六年未成功，双法出成果。”华罗庚欣然题诗回赠：“名酒五粮液，优选味更醇；省粮五百担，产量增五成。豪饮李太白，雅酌陶渊明；深恨生太早，只能享老春。”

千年酒都宜宾：
震而不殇　沉静幽香

文 / 九公子的散丹

2019 年 6 月 17 日 22 时 55 分

四川省宜宾长宁县附近

发生 6.0 级地震

2019 年 6 月 22 日 22 时 29 分

宜宾珙县发生 5.4 级地震

灾情，牵动亿万人的心……

宜宾

万里长江第一城

正在经受磨难……

李白旧时大叹“噫（yī）吁嚱（xī），
危乎高哉！蜀道之难，难于上青天”
蜀道北面大巴山
东面巫山
南面大凉山
西面雪山高原
四面高山齐齐围住一块四川盆地
把这“盆”围得个严严实实

陆路崎岖难行
水路险滩重重
在交通不便的古时
想要一探这天府之国
基本只能靠想
四川盆地的边缘
从南面唐古拉山脉绵延而下的金沙江
遇到北面岷山迸流而出的岷江
他们相爱了
在此交汇

奔流不息

亚洲第一长河“长江”从此诞生

让人感叹：

这独一无二的长江

这绝无仅有的中国

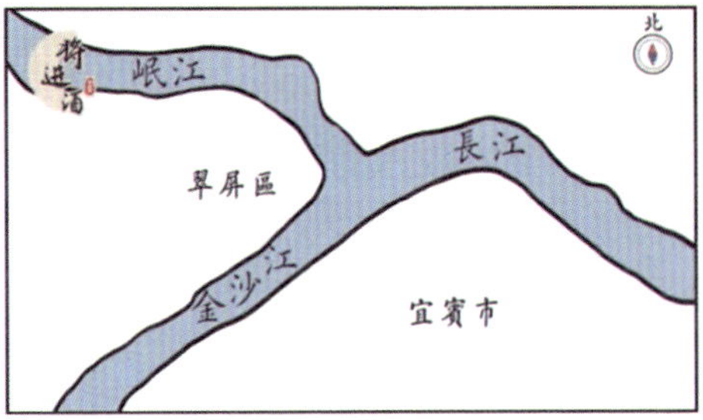

军事家管仲在《管子·乘马》中写道：

凡立国都，

非于大山之下，必于广川之上

高毋近埠而水用足，下毋近水而沟防省

翻成白话就是：

山山水水对建立城市很重要

管仲是不是调研到了宜宾啊

毕竟宜宾就是这样矗立在这三江交汇处

西靠翠屏山、真武山

东南与东山、七星山隔江相望

大小600多条支流

一遍遍冲刷着这片土地

孕育千年酒都百世百代

据史料记载，早在遥远的远古时代

我们机智聪慧的祖先们

就选择在那里生活

估计小日子过得还很是惬意

考古团队在宜宾发掘出

5000 多年前的陶土杯

为宜宾酒史的追溯

和祖先们赛神仙般的生活

添上了重要考据

“酒都”的名头绝不是白来的

后来祖先们形成了自己独有的文化

慢慢聚集起来成为一个彪悍的部落

——僰（bó）人氏族

这个民族能征惯战

又放荡不羁不受驯服

还曾组团参加过周武王伐纣的牧野之战

僰人氏族

后来在宜宾自建“僰侯国”，称霸一方

一直为历代朝廷所忌惮

直到明朝时

与朝廷的矛盾加剧

朝廷派兵来剿

僰人才消失在历史中

古埃及人建金字塔

咱僰人祖先也有一个神秘的丧葬仪式

——“僰人悬棺”

他们将棺木放置在悬崖绝壁上

一般距离地面 10—50 米

最高的能达到 100 米

高耸的悬崖上密密麻麻留存着

200 多座悬棺古墓

各路专家深研探究

直到 20 世纪末

从岩壁上发现绳索勒放的印痕，

才解开悬棺运送之谜

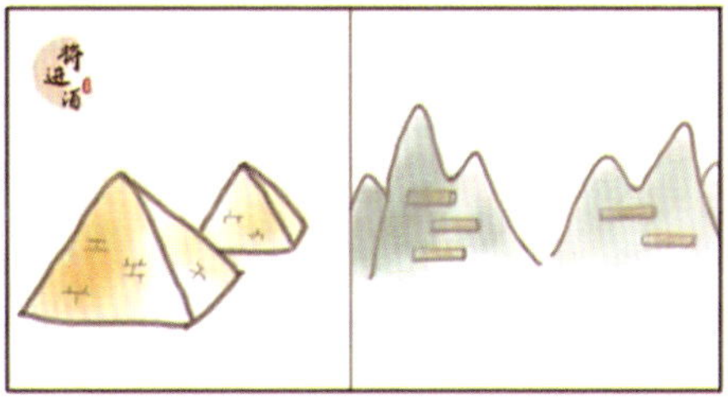

然而为何如此放置悬棺
至今仍无定论
秦孝文王时期
大名鼎鼎的郡守李冰
不仅为我们留下了都江堰
还原创手工机械法
——火烧大石头，再浇筑冷水

天堑变通途
粉碎了巨大岩石群
将旱涝频发的蜀国
变成名副其实的天府之国
却也使得南北朝时期
另一个少数民族僚人入侵
当时已为郡的僰道县时方便了不少
直到南朝梁武帝平定此乱，
在此地设立戎州
没错，就是那个大名鼎鼎

引得苏轼苏辙黄庭坚杜甫

都来参观游览、写诗创作的戎州

北宋时地方官嫌名字不够响亮

求皇帝改名，戎州改称叙州

隋朝末年

少数民族四方归顺

取“慕义来宾”之意

更名为义宾

到北宋，为避宋太宗赵匡“义”

义宾更名为我们所熟知的宜宾

不过当时的宜宾

管辖着 64 个州 140 多个县

相当于现在 10 个宜宾市的大小

在秦始皇征用百姓

大修“五尺道”的基础上

汉武帝遣将造路

将这宜宾变为古代南丝绸之路的起点

又费了上万人力花了十好几年

从宜宾、成都修到了云南、昆明

无国界修到了印度、缅甸

这条丝绸之路

让周边商业繁盛物资丰富，

人民安居乐业

不管是僰道县还是宜宾

这儿自古是一片气候宜人、

土地肥沃之地

中亚热带湿润季风气候

常年平均温度 17.5℃

夏无酷暑，冬无严寒

山水丰沛，矿产繁多，各类资源丰富

有包含完整喀斯特地貌的兴文石海

有李慕白玉娇龙上演爱恨情仇的蜀南竹海

还有融道、释、儒三教文化为一体的

真武山道教古建筑群

近些年来

这片土地出土了越来越多的文物

向世人展示着那辉煌繁盛的古代文明

出土的实物种类齐全内容丰富

只有想不到，没有看不到

日常用具碗、盏、罐、釜、镬（huò）

一样不缺
养过的鸡鸭狗马一样不少
基础生活过得富足
祖先们对精神世界也有追求
在发掘的汉代墓葬中
随葬仪仗、仆侍、乐舞、杂技
不同种类的汉俑应有尽有
甚至还有一棵青铜树，
青铜铸就的叶片上缀满
各式各样的钱币图像
这就是传说中的摇钱树吧

出土的酒类器具更是种类繁多
元代银制执壶，线条优美
俨然是艺术精品
孔雀绿釉釉下黑花人物纹梅瓶，
是五粮液最经典的鼓形瓶 700 年前的原型
公道杯，形象生动
简单的虹吸原理
巧妙地告诫爱酒的同志
酒满莫贪杯
宜宾的水
奔流了几千年

宜宾的土
滋养了无数代
宜宾的酒
在这一方水土的润泽下
在宜宾人的唇齿间流淌了几千年
新石器时期的宜宾人
就以本地盛产的稻米酿酒
称之为窨酒
开启了川南悠长的酒业路
据《宜宾县志》记载
一千多年前
宜宾县一个叫牛口庄的地方
春天酿酒冬天成熟，
冬天酿酒春天成熟
酒色浓绿，喷香扑鼻
让杜甫爱不释口，流连忘返
大叹“重碧拈春酒，轻红擘荔枝”

“重碧酒”从此闻名

到了宋代

宜宾酒业空前发展

人们不是在喝酒

就是在去喝酒的路上

宜宾绅士姚氏家族

用大米、高粱、糯米、荞子、蜀黍

五种粮食一同酿酒

深得当时达官贵人文儒雅士钟爱

明代时，传到温德丰作坊的酿酒师陈三手中

加以总结归纳

形成了陈氏秘方

清代，陈氏秘方被烤酒师邓子均得到后

经过不断地实验调整

终得举世无双的——杂粮酒

五粮液车间内，工人正在摊晾酒糟

Ennnnnnn 酒是真好喝，名字也是真土气

晚清举人杨惠泉

将其更名“五粮液”

一代名酒就此立世

直到今日走在宜宾的大街小巷

随处可见“五粮液”

酒都饭店、酒都剧场、五粮液大道

酒都路、五粮液经贸大厦

五粮液酒家

这些招牌

无不镌刻着宜宾人对酒的挚爱

对生活的态度

相信有千年酒神精神为核的酒都

必定会迅速振作

继续“酿造”这已经飘香千年的

醇香之味

宜宾，加油！

他们，这样书写“人”字……

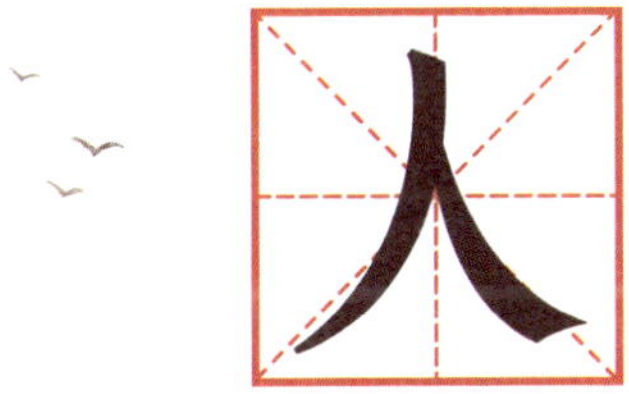

这是中国人最早会写的一个字

也是穷尽一生才明白的一个字

这个字写在蓝天，是

雁字回时　月满西楼

这个字写在大地，是

江河交汇　亘古奔流

《说文》解读：

人，天地之性最贵者也。

古老的象形文字，

蕴含着质朴真挚的期许

甲骨文的“人”字，是

侧身揖礼的形象

——敬畏天地万物，方为“人”

宇宙史 138 亿年

地球史 46 亿年

人类史 0.03 亿年……

篆文的“人”字，是

弯腰劳作的模样

——保持劳动本能，方为“人”

100 万年前找到火

70 万年前直立行走

0.45 万年以来找到铜、铁、电子、光子……

常用的“人”字，是

跨步行走的姿态

——一直奋斗向前，方为“人”

25000 个基因

31.6 亿对 DNA 碱基

每天 28800 次呼吸……

人生百态，世间万象

均在一撇一捺间

2020 年初春，新冠肺炎疫情肆虐

“人”字又该如何书写？

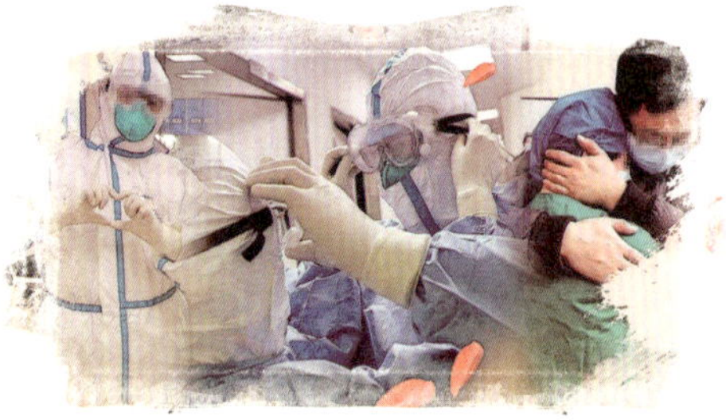

一笔写阴，一笔写阳

相互支撑，琴瑟和鸣

分别时睫毛上闪烁晶莹泪珠

相见时保持距离的深情对视

“看你吃饱我就开心”的告白

都在践行着爱的誓言

一笔写无拘无束

一笔写贵重如山

明明可以安度晚年

却重新披挂上阵

明明还是“王子公主”

却成为别人依靠

刚刚关掉闯关游戏，就在现实中奔袭

上了战场，都是战士！

“人”字，张开手脚，顶天立地

就是一个“大”字

“人”字，一笔扛家，一笔扛国

就是一个“天”字

二“人”为“从”

从一而终，生死不渝

在危急关头奋身而起

以血肉之躯担当重任

一次次上演着最美逆行

让大写的“人”字闪耀

人性最圣洁的光辉

屹立在世界的东方

屹立在中华民族伟大复兴的奋进史上

人行天地间，俯仰万物生

由此诞生了另外一个神奇的象形文字

《说文解字》：

五，阴阳在天地间交午也。

五官刻画、五感通晓、

五行浸染、五谷滋养……

五粮液®

在这个享誉世界的品牌标志中

“人”字支撑了整个架构

意蕴着

以人为本，天人合一

一笔写人间至味，一笔写文化传承
繁复的酿造步骤，古老的酒香窖池
精密的原料配比，厚重的经验积淀
用数字铭刻时间，用美酒解码文明
天地灵气与五谷精华的和谐统一
向世界展现中华文化的悠远与磅礴

一笔写抗击疫情，一笔写无私奉献
最周密的部署安排，最饱满的精神状态
最快速的应急响应，最暖心的关爱慰问
哪里有需要，哪里就有五粮液人的身影
这是国企挺起的脊梁
是全行业高质量发展的表率

与佳酿同品同香

和大爱同心同向

期盼共饮胜利的庆功酒

所有人都健步行走在

温暖的大地上